BestMasters

Mit „BestMasters" zeichnet Springer die besten Masterarbeiten aus, die an renommierten Hochschulen in Deutschland, Österreich und der Schweiz entstanden sind. Die mit Höchstnote ausgezeichneten Arbeiten wurden durch Gutachter zur Veröffentlichung empfohlen und behandeln aktuelle Themen aus unterschiedlichen Fachgebieten der Naturwissenschaften, Psychologie, Technik und Wirtschaftswissenschaften.

Die Reihe wendet sich an Praktiker und Wissenschaftler gleichermaßen und soll insbesondere auch Nachwuchswissenschaftlern Orientierung geben.

Ruben Steinhoff

Kondensation und Verdampfung an strukturierten Rohren

Aufbau eines Versuchsstandes zur Untersuchung von Wärmeübergangskoeffizienten

Ruben Steinhoff
Hannover, Deutschland

BestMasters
ISBN 978-3-658-09529-1   ISBN 978-3-658-09530-7 (eBook)
DOI 10.1007/978-3-658-09530-7

Die Deutsche Nationalbibliothek verzeichnet diese Publikation in der Deutschen Nationalbi-
bliografie; detaillierte bibliografische Daten sind im Internet über http://dnb.d-nb.de abrufbar.

Springer Vieweg
© Springer Fachmedien Wiesbaden 2015

Gedruckt auf säurefreiem und chlorfrei gebleichtem Papier

Springer Fachmedien Wiesbaden ist Teil der Fachverlagsgruppe Springer Science+Business Media
(www.springer.com)

Zusammenfassung

In der vorliegenden Arbeit wurde ein neuer Versuchsstand zur Untersuchung von Wärmeübergangskoeffizienten bei der Kondensation und Verdampfung auf der Außenseite von glatten und strukturierten Rohren aufgebaut. Zuvor wurde ein thermodynamisches Auslegungsverfahren für den Versuchsstand entwickelt, welches die Grundlage für dessen konstruktive Ausführung war. Wahlweise sind Untersuchungen des Wärmeübergangskoeffizienten bei der Kondensation oder der Verdampfung anhand eines Einzelrohres möglich. Vier weitere Rohre wurden korrespondierend für die Bereitstellung des Kältemitteldampfes bzw. dessen Kondensation vorgesehen. Die kältemittelberührten Bauteile wurden in Edelstahl ausgeführt und für Drücke bis 10 bar ausgelegt, um die Verwendung zukünftiger Kältemittel zu ermöglichen. Für den maximalen Umlaufmassenstrom des Kältemittels wurde eine Kondensations- bzw. Verdampfungsleistung von 15 kW angenommen, die einer maximalen Wärmestromdichte von 260 kW/m^2 an einem einzelnen untersuchten Rohr entspricht. Die Kühlung bzw. Beheizung der verbauten Rohre findet hierbei indirekt über einen Wärmeträger in Form von Wasser oder einem Wasser-Ethylenglykol-Gemisch statt.

Abstract

In the present work a new test rig for investigations on heat transfer coefficients during condensation and evaporation on the outside of plain and structured tubes was built up. Previously a thermodynamic method of design was developed for this test rig which was the basis of the constructive implementation. Investigations on the heat transfer coefficients during condensation or evaporatoration are achievable by a single tube. Four additional tubes allow for providing refrigerant vapor or alternatively condensing it. Parts wetted with refrigerant were made of stainless steel and are designed for pressures up to 10 bar to enable further refrigerants in future. The maximum mass flow of the refrigerant was derived of the power of 15 kW which is assumed for the condensation respectively the evaporation. This leads to an heat flux up to 260 kW/m^2 on a single investigated tube. Cooling and heating of all the mounted tubes is realized indirectly by a heat transfer medium in terms of water or a water-ethylene glycol mixture.

Inhaltsverzeichnis

Abbildungsverzeichnis

Tabellenverzeichnis

Formelzeichen

Lateinische Formelzeichen

Symbol	Einheit	Bedeutung
a	m^2/s	Temperaturleitfähigkeit
A	m^2	Fläche
b	$Ws^{1/2}/m^2 K$	Wärmeeindringzahl
c	J/kgK	spezifische Wärmekapazität
C	-	Konstante
C_W	-	Parameter der Heizfläche
d	m	Durchmesser
e	m	Höhe der inneren Berippung
F	N	Kraft
$F(p^*)$	-	Parameter des Betriebsdrucks
g	m/s^2	Erdbeschleunigung
G	-	Parameter
h	m	Höhe
h	m	Rippenhöhe
h	J/kg	spezifische Enthalpie
K	Impulse/l	K-Faktor
L	m	(Kondensations-)länge
$\dot{m}$	kg/s	Massenstrom
$\dot{M}$	kg/s	Kondensatmassenstrom
n	-	Exponent

N	-	Keimstellenanzahl
N_S	-	Anzahl der inneren Rippen
p	bar	Druck
P	W	Leistung
p^*	-	reduzierter Druck
$\dot{q}$	W/m^2	Wärmestromdichte
$\dot{Q}$	W	Wärmestrom
r	m	Radius
R	K/W	Wärmewiderstand
R_a	m	Rauheit
R_p	m	Rauheit
T	K	Temperatur
u	m/s	Geschwindigkeit
U	W/m^{2}K	Wärmedurchgangskoeffizient
$\dot{V}$	m^3/s	Volumenstrom

Griechische Formelzeichen

Symbol	Einheit	Bedeutung
α	W/m^{2}K	Wärmeübergangskoeffizient
β	°	Randwinkel
γ	°	Retentionswinkel
γ	-	Intermittenzfaktor
δ	m	Kondensatfilmdicke
η	kg/ms	dynamische Viskosität
θ	°	Kavitäts- /Kerbwinkel
ϑ	K	Temperatur
λ	W/mK	Wärmeleitfähigkeit
ℓ	m	charakteristische Länge
ν	m/s	kinematische Viskosität
ζ	-	Verlustbeiwert

ρ	kg/m^3	Dichte
σ	N/m	Grenzflächenspannung
φ	°	Polar-/Azimutwinkel
φ	°	Rippenwinkel
χ	-	Parameter

Tiefgestelle Indizes

Indize	Bedeutung
∞	Größe der freien Strömung
0	Normierungs-/Gleichgewichtszustand
a	außen
aus	Austritt
aw	Wurzel-
b	Abreiß-
ber	berechnet
ein	Eintritt
exp	experimentell
FS	Füllstand
gni	Gnielinski
HS	Hexansäule
i	innen
kond	Kondensation
krit	kritisch
l	Flüssigkeit
lam	laminar
m	gemittelt
min	minimal
max	maximal
p	isobar
R	resultierend

s	Sättigungs-
s	Feststoff/Wand
S	durchströmt
turb	turbulent
v	Dampf
verd	Verdampfung
Verl	Verlust
w	Wand
was	Wasser
ϑ	Temperatur

Kennzahlen

Kürzel	Bedeutung
Fr	Froude-Zahl
Gr	Grashof-Zahl
j	Colburn-Zahl
Nu	Nusselt-Zahl
Ph	Phasenumwandlungszahl
Pr	Prandtl-Zahl
Re	Reynolds-Zahl
St	Stanton-Zahl

Kapitel 1
Einleitung

Das allgemeine Streben nach energieeffizienten Anlagen, bedingt durch den Klimawandel und die absehbare Verknappung fossiler Rohstoffe, gewinnt in den letzten Jahrzehnten vermehrt an Bedeutung. Der Einfluss dieses Strebens ist auch im Bereich der Kälte- und Klimatechnik sowie der chemischen Industrie gegenwärtig. In diesen Bereichen werden Wärmeübertrager und im Speziellen Rohrbündelwärmeübertrager als grundlegende Komponenten in einer Vielzahl von technischen Anlagen zum Verdampfen und Verflüssigen von Wasser, Ölen, Kältemitteln und Gasen eingesetzt. Im Inneren der meist horizontal angeordneten Rohre kann bspw. Wasser fließen, um dem verwendeten Stoff auf der Außenseite der Rohre Wärme zu entziehen bzw. zuzuführen. Durch ausreichenden Wärmetransport wechselt der Aggregatzustand des Stoffes von dampfförmig zu flüssig bzw. umgekehrt. Da die Phasenumwandlung von Kältemitteln Gegenstand dieser Arbeit ist und dieser Vorgang in Rohrbündelwärmeübertragern weit verbreitet ist, wird im Folgenden ausschließlich die Phasenumwandlung von Kältemitteln thematisiert.

Durch Weiterentwicklung der Rohrgeometrie bzw. dessen Struktur kann in bedeutendem Maße Einfluss auf den Wärmeübergang beim Phasenwechsel genommen werden. Im Allgemeinen führt der verbesserte Wärmeübergang sowohl beim Verdampfen als auch beim Verflüssigen zu kleineren Baugrößen und einem geringeren Gewicht der jeweiligen Anlage. Auch die Füllmenge lässt sich somit reduzieren. Letztlich können durch die genannten Punkte die Investitionskosten zum Teil beträchtlich gesenkt werden. Aus ökologischer und ökonomischer Sicht ist zudem ein effizienterer Betrieb bei geringeren Temperaturdifferenzen zwischen Kältemittel und Heiz- oder Kühlmedium nötig. Neben breiten Anwendungsmöglichkeiten in den eingangs genannten Bereichen, ergeben sich neue Einsatzmöglichkeiten in der fortschreitenden Elektroindustrie in Form von Kompaktverdampfern zur Kühlung von Hochleistungskomponenten. Da sich die grundlegenden Maße der Hochleistungsrohre oftmals nicht oder nur wenig von herkömmlichen Rohren unterscheiden, ist auch die Nachrüstung und Modernisierung von bestehenden Anlagen denkbar.

Die Entwicklung von hocheffizienten Oberflächenstrukturen ist auch vor dem Hintergrund des stetigen Ersatzes umweltschädlicher Kältemittel aus industriellen Anlagen und Hausgeräten eine neue Herausforderung für die Industrie, da bewährte Kältemittel aus thermodynamischer Sicht oftmals neuen Kältemitteln überlegen sind. Die Folge sind signifikante Leistungseinschränkungen oder ein kostspieliger Neu- oder Umbau der Anlagen und Geräte. Die stetige Weiterentwicklung von Rohrgeometrien in Verbindung mit neuen Kältemitteln ist daher essentiell und wird auch in naher Zukunft ein Forschungsschwerpunkt bleiben.

In der Vergangenheit wurden auf diesem Gebiet bereits viele Anstrengungen unternommen. Schon zu Beginn und zunehmend in der Mitte des letzten Jahrhunderts ist der Wärmeübergang mit Phasenumwandlung ein aktives Forschungsgebiet gewesen. Als Grundlage für die Berechnung von Wärmeübergangskoeffizienten im Fall von laminarer Filmkondensation gilt noch heute, wenn auch z.T. in modifizierter Form, die Wasserhauttheorie von Nusselt [66]. Es existieren bereits eine Vielzahl an weiteren Studien zur Beschreibung der Verdampfung und Verflüssigung an horizontalen Glatt- und Rippenrohren. Letztere setzten sich zunehmend durch die Vergrößerung der Übertragungsfläche durch und erzielten somit eine moderate Leistungssteigerung. Nicht zuletzt durch die eingeschränkten fertigungstechnischen Mitteln der damaligen Zeit, sondern auch durch die Annahme, dass der Wärmeübergang durch die Oberflächenspannung des Kondensats nur wenig beeinflusst wurde, führte bis auf weiteres zu keinen nennenswerten Entdeckungen bezüglich der äußeren Rohrgeometrie. Erst als Gregorig [31] die Bedeutung der Oberflächenspannung erkannte, folgten weitere Untersuchungen zur Beschreibung dieses Mechanismus. Als wesentliche Weiterentwicklung ist die Nachbearbeitung der bewährten zweidimensionalen Rippenstruktur auf der Außenseite der Rohre zu einer dreidimensionalen Struktur durch Kerbung, Walzen oder Anschneiden zu nennen.

Neben erhöhter Leistungsdichten bei der Verflüssigung an strukturierten Rohroberflächen, ist dies auch bei der Verdampfung erstrebenswert. Beginnend durch die Arbeit von Jakob und Linke [42] sowie Nukiyama [67], die die Mechanismen des Wärmeübergangs untersucht haben, wurde eine Grundlage für nachfolgende Untersuchungen gelegt. Wie beim Verflüssigen wurden beim Verdampfen zunächst niedrig berippte Rohre eingesetzt, um die Oberfläche zu vergrößern. Mit zunehmender Kenntnis der an der Verdampfung beteiligten Mechanismen, konnten gezielter drei-dimensionale Rohrgeometrien entwickelt werden, um deren Leistungsfähigkeit zu steigern.

Obwohl intensive Forschungsarbeit zur Steigerung des Wärmeübergangs unter-nommen wird und bereits herausragende Ergebnisse sowohl bei der Verdampfung als auch beim Verflüssigen zu verzeichnen sind, ist eine Vorausberechnung von Wärmeübergangskoeffizienten nur auf Grundlage von empirischen oder halbempi-rischen Korrelationen für zwei- und dreidimensionale Rohroberflächen mit ausrei-chender Genauigkeit möglich. Bis heute ist kein Modell in der Lage die komplexen Mechanismen, die beim Verdampfen und Kondensieren von Kältemitteln an struk-turierten Rohroberflächen auftreten, ausreichend genau wiederzugeben. Dies liegt vor allem an tiefgreifenden Abhängigkeiten zwischen der Oberflächenstruktur, des-sen Material und dem verwendeten Kältemittel. Vorhandene Korrelationen sind aus-schließlich für spezifische Konfigurationen von Kältemitteln und Rohren gültig und können nicht auf abweichende Paarungen angewendet werden. Um dennoch Aussa-gen über die Leistungsfähigkeit dreidimensionaler Oberflächenstrukturen treffen zu können, sind experimentelle Untersuchungen mit der gewünschten Konfiguration notwendig. Für eine korrekte und effiziente Auslegung sind die daraus gewonnenen Kenntnisse unablässig. Darüber hinaus kann in Zukunft eine Vielzahl an experi-mentellen Untersuchungen dazu beitragen, die Vorhersage von Wärmeübergangs-koeffizienten auch an dreidimensionalen Oberflächenstrukturen in allgemeingülti-ger Form zu ermöglichen oder ferner zu präzisieren.

Um diesem Ziel nachzukommen wurde am Institut für Thermodynamik ein Ver-suchsstand aufgebaut, um den gemittelten äußeren Wärmeübergangskoeffizienten von diversen Rohr-Kältemittel-Paarungen sowohl bei der Verflüssigung als auch bei der Verdampfung zu untersuchen. Hierzu stehen jeweils vier Kupferrohre mit op-timierten Strukturen für die Verdampfung und Verflüssigung zur Verfügung, die in Verbindung mit dem Kältemittel R134a untersucht werden sollen. Zu Referenzzwe-cken sind zudem Glattrohre aus Kupfer in den Untersuchungen mit einzubeziehen. Neben den genannten Rohr-Kältemittel-Paarungen, ist des Weiteren die Verwen-dung von Hexan als Kältemittel vor dem Hintergrund der Materialverträglichkeit vorzusehen.

Im Rahmen dieser Arbeit wird die Untersuchung des äußeren Wärmeübergangs-koeffizienten auf Einzelrohre beschränkt. Den Wärmeübergang beeinflussende Effekte, wie z.B. Kondensatüberschwemmung oder zusätzliche Konvektion durch aufsteigende Dampfblasen bei vertikalen Rohranordnungen von horizontalen Rohren, sind nicht Gegenstand dieser Arbeit.

Die folgenden Kapitel beinhalten zunächst die Grundlagen des Verdampfens bzw. des Siedens und der Verflüssigung bzw. der Kondensation in ihren unterschiedlichen Formen. Anschließend wird für Auslegungszwecke die Vorausberechnung der Wärmeübergangskoeffizienten beim Sieden und Kondensieren an horizontalen, einzelnen Glattrohren erläutert. Im Anschluss wird auf die Bestimmung des Wärmeübergangs im Inneren der durchströmten Rohre eingegangen und die Ermittlung des äußeren Wärmeübergangskoeffizienten bei unbekannten Rohrstrukturen geschildert. Darauf folgt eine detaillierte Beschreibung des Versuchsstandes und dessen Funktionsweise sowie die Beschreibung der verwendeten Messtechnik.

Kapitel 2
Grundlagen

2.1 Sieden

Vom Sieden spricht man, wenn eine Flüssigkeit an einer Wand, dessen Temperatur über der Sättigungstemperatur T_s der Flüssigkeit liegt, verdampft. In technischen Anlagen findet dies bspw. an ebenen Flächen oder an Rohren oder Rohrbündeln statt, die als Heizfläche fungieren. Die Wärmezufuhr kann sowohl durch elektrische Beheizung als auch indirekt durch einen Wärmeträger erfolgen. Tritt der Phasenwechsel von flüssig zu gasförmig bei erzwungener Konvektion auf, spricht man vom Strömungssieden, wohingegen bei freier Konvektion Behältersieden auftritt. Der letztere Fall ist in der vorliegenden Arbeit von besonderer Bedeutung und wird im Folgenden im Detail erläutert.

Das Sieden von Flüssigkeiten ist ein komplexes Zusammenspiel verschiedener Mechanismen, das durch zahlreiche Faktoren beeinflusst wird. Nicht zuletzt hängt der Siedevorgang von den Eigenschaften der Flüssigkeit, wie z.B. der Verdampfungsenthalpie, des Sättigungsdrucks, der Dichte, der Oberflächenspannung und der Wärmeleitfähigkeit ab. In besonderem Maße sind auch die Siedeformen von hoher Relevanz, die wiederum von der Wandtemperatur T_w abhängen. Erste Beschreibung dieser unterschiedlichen Siedeformen stammen von Nukiyama [67]. Durch wegweisende Untersuchungen zur Verdampfung von Wasser mit einem elektrisch beheizten Draht konnten die Siedeformen nicht nur optisch erkannt werden, sondern durch Ausnutzung der Temperaturabhängigkeit des Widerstands des Drahtes auch dessen Temperatur ermittelt werden. Aus den Ergebnissen entwickelte Nukiyama die nach ihm benannte Siedekurve (Abb. 2.1). Überschreitet die Wandtemperatur T_w die

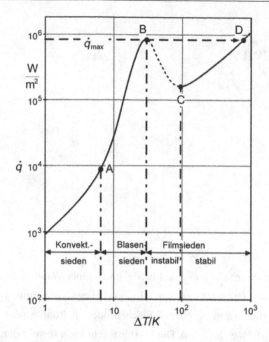

Abb. 2.1: Verlauf der Wärmestromdichte $\dot{q}$ als Funktion der Wandüberhitzung ΔT für die Verdampfung von reinen Stoffen [59]

Sättigungstemperatur T_s der Flüssigkeit zunächst nur geringfügig tritt, wie in Abb. 2.1 gezeigt, konvektives Sieden ohne Blasenbildung auf. Hierbei treten keine Unterschied zum gewöhnlichen einphasigen Wärmeübergang auf [2]. Wird die Wandüberhitzung ΔT weiter erhöht, beginnt der Vorgang des Blasensiedens (Bereich A-B), welcher aufgrund vergleichsweise hoher Wärmestromdichten $\dot{q}$ für technische Belange von besonderem Interesse ist. Steigt die Wandtemperatur T_w bei konstanten Sättigungsbedingungen weiter an, wird der Punkt B in Abb. 2.1 überschritten, der den Punkt maximaler Wärmestromdichte $\dot{q}_{max}$ bezeichnet. Die Blasenbildung ist für die vorliegenden Wandüberhitzungen sehr intensiv, sodass Blasen miteinander koalieren und zeit- und stellenweise die Bildung eines Dampffilms auftritt (Bereich B-C). Man spricht von partiellem Filmsieden, welches durch zusätzliche Erhöhung der Wandtemperatur in das vollständige Filmsieden (Bereich C-D) übergeht. Hierbei wird die Oberfläche von einem geschlossenen Dampffilm umgeben und die Wärmestromdichte $\dot{q}$ sinkt zunächst auf deutlich geringere Werte ab. Eine Steigerung der zuletzt genannten ist allerdings durch zunehmende Turbulenzen im Dampffilm und wachsenden Anteil der Strahlungswärmeübertragung bei deutlicher Anhebung der Wandtemperatur möglich. Die genannten Formen des Siedens haben gravierenden Einfluss auf die Höhe des Wärmeübergangskoeffizienten α_{verd}. Es können Unterschiede im Bereich von zwei bis drei Größenordnungen auftreten. In den folgenden Abschnitten werden die Eigenschaften der Siedeformen und der Einfluss auf den Wärmeübergang im Detail erläutert.

2.1.1 Konvektives Sieden

Steigt die Wandtemperatur der Heizfläche um einen geringen Betrag über die Sättigungstemperatur der Flüssigkeit, bilden sich zumeist nur sehr wenige oder gar keine Dampfblasen. Die Überhitzung der Heizfläche führt vielmehr dazu, dass sich im wandnahen Bereich aufgrund von beschränkter Wärmeleitung ein signifikantes Temperaturgefälle zur umgebenden Flüssigkeit einstellt und Dichteunterschiede zu einer freien Konvektion führen. Auf- und absteigende Strömungen durchmischen die Flüssigkeit und sorgen für ein homogenes Temperaturfeld in wandfernen Bereichen. Auf diese Weise wird Wärme von der Heizfläche abtransportiert und gelangt an die Oberfläche der Flüssigkeit. Dort fungiert die Verdampfung der Flüssigkeit als Wärmesenke. Für das konvektive oder auch stille Sieden gelten die gleichen Gesetzmäßigkeiten in Bezug auf den Wärmeübergangskoeffizienten an der Heizfläche wie beim herkömmlichen einphasigen Wärmeübergang. Entscheidend hierfür ist die Temperaturdifferenz zwischen der heizenden Wand und der Kernströmung. Nach Jakob und Linke [42] gilt bei laminarer Konvektion für den dimensionslosen Wärmeübergang

$$Nu = 0,60(GrPr)^{1/4} \qquad\qquad (2.1)$$

bzw.

$$Nu = 0,15(GrPr)^{1/3} \qquad\qquad (2.2)$$

für die turbulente Konvektion. Eine Abhängigkeit vom reduzierten Druck

$$p* = \frac{p_s}{p_{krit}} \qquad\qquad (2.3)$$

konnte von Jakob und Linke [42] anhand des Kältemittels R113 nicht festgestellt werden.

Obwohl die Korrelationen auf Untersuchungen von halogenierte Kältemitteln basieren, hat Börner [12] einen Vergleich der Korrelationen mit Messungen von Wasser und Tetrachlormethan durchgeführt und die Eignung für beliebige Fluide im Prandtl-Zahl-Bereich von 2-100 und für gängige Verdampfergeometrien erweitert.

2.1.2 Blasensieden

Eine deutliche höhere Relevanz für technische Anlagen hat das Blasensieden. Dieses tritt bei zunehmender Überhitzung ΔT der Wand durch die Steigerung der Wärmestromdichte $\dot{q}$ auf und führt an definierten Keimstellen der Heizfläche zur Bildung von Blasen. Erreichen die Blasen eine Größe, die aufgrund ihrer Auftriebskräfte zur Ablösung von der Heizfläche führt, steigt die Blase auf und verursacht Strömungs- und Mischungsvorgänge, die den Wärmeübergang α_{verd} erhöhen. Mit einer weiteren Steigerung der Wandtemperatur werden zunehmend mehr Keimstellen für die Blasenbildung aktiv und die Anzahl sich ablösender Blasen pro Zeiteinheit steigt an. Die Durchmischung der Flüssigkeit nahe der Heizfläche nimmt weiter zu und führt zu einem intensiven Wärmeübergang und einer hohen Wärmestromdichte. Letztere weist einen maximal erreichbaren Wert auf, der für einige technische Anlagen in Bezug auf die Betriebssicherheit von Bedeutung ist, da eine zusätzliche Erhöhung der Wandtemperatur zu einer sinkenden Wärmestromdichte und einem instabilen Betriebspunkt führt. Die Ursache und Folge dieses Verhaltens wird im folgenden Abschnitt erklärt.

Zunächst soll jedoch ein theoretischer Hintergrund zum Blasensieden gegeben werden, in dem einige relevante Mechanismen der Blasenbildung im Detail veranschaulicht werden. Diese sind vor allem in Bezug auf die Auswahl der Oberflächengeometrie von großer Bedeutung und sind Grundlage für die Entwicklung neuer Oberflächenstrukturen.

Die Entstehung von Dampfblasen geschieht, wie bereits erwähnt, an Keimstellen. Diese Orte zeichnen sich z.B. durch Partikel aus oder dass keine vollständige Benetzung der Flüssigkeit an der Oberfläche der Heizfläche vorliegt. Winzige Dampf- oder Gasreste werden eingeschlossen, die Ursprung von Dampfblasen sein können. Man spricht von heterogener Keimbildung. Daneben existiert die homogene Keimbildung, die vom Siedeverzug bei Flüssigkeiten her bekannt ist. Sie tritt oft in sehr reinen, gas- und partikelfreien Flüssigkeiten und in Verbindung mit glatten, sauberen Behälteroberflächen auf. Bei der homogenen Keimbildung kann eine Flüssigkeit durch fehlende Nukleationskeime deutlich über ihre Sättigungstemperatur erhitzt werden, ohne dass sich Dampfblasen bilden. Da dieser Zustand metastabil ist, kann bspw. durch eine Erschütterung eine schlagartige Bildung von Dampfblasen ausgelöst werden, die unter Umständen zu einem explosionsartigen Entweichen des Dampfes führt. In industriellen Anwendungen trifft man hingegen selten den Fall von derart reinen Flüssigkeiten und Behältern an. Die heterogene Keimbildung ist daher von überwiegender Relevanz.

Für den theoretischen Hintergrund der Blasenentstehung und des Blasenwachstums nehmen wir zunächst eine kugelförmige Gas- oder Dampfblase mit dem Radius r an, die sich in einer ruhenden Flüssigkeit mit dem Druck p_l befindet, wie in Abb. 2.2 skizziert. Bei differentieller Betrachtung der Oberfläche der Blase und unter der Annahme, dass sich die Blase (Index v) und die Flüssigkeit (Index l) in thermischem Gleichgewicht

$$\vartheta_v = \vartheta_l \tag{2.4}$$

befinden, gilt für das mechanische Gleichgewicht aus der temperaturabhängigen Oberflächenspannung σ an der Phasengrenzfläche und einer resultierenden Kraft F_R

$$d^2 F_R = 2\sigma r d\varphi^2. \tag{2.5}$$

Auf das Oberflächenelement wirkt zudem der Flüssigkeitsdruck p_l und der entgegengesetzte Dampfdruck p_v. Gl. 2.5 erweitert sich somit zu

$$p_l (r d\varphi)^2 + d^2 F_R = p_v (r d\varphi)^2. \tag{2.6}$$

Aus diesem Kräftegleichgewicht folgt die Young-Laplace-Gleichung

$$p_v = p_l + \frac{2\sigma}{r} \tag{2.7}$$

und somit die Erkenntnis, dass der Druck im Inneren der Blase um den Term $2\sigma/r$ größer ist als der Druck in der flüssigen Phase. Es erschließt sich, dass die Existenz von Blasen eine ausreichende Überhitzung der Flüssigkeit voraussetzt, da für den Druck im Inneren der Blase eine differenzierte Sättigungstemperatur gültig ist. Wird diese Bedingung nicht erfüllt, kondensiert eine existierende Dampfblase auf-

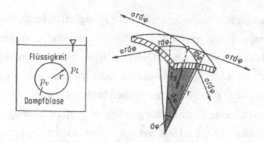

Abb. 2.2: Kräftegleichgewicht an einer kugelförmigen Blase in einer Flüssigkeit [2]

grund ihres Zustands unterhalb der lokalen Sättigungsbedingungen. Der kritische Dampfblasenradius, der zum Überleben einer Blase notwendig ist, lässt sich nach Baehr und Stephan [2] mit

$$r_{krit} \approx \frac{2\sigma T_s}{\rho'' \Delta h_{verd} \Delta \vartheta} \tag{2.8}$$

ermitteln. Mit steigendem Sättigungsdruck bzw. Sättigungstemperatur nimmt der kritische Radius ab, da die Oberflächenspannung mit zunehmender Temperatur sinkt. Somit sind bei höheren Sättigungsdrücken mehr Keimstellen an der Blasenbildung aktiv beteiligt. Um die Dampfblasenbildung zu initiieren, ist eine Überhitzung notwendig. Diese ist jedoch zu Beginn der Blasenentstehung, aufgrund sehr kleiner Radien r, nach Gl. 2.7 vergleichsweise groß. Mit steigendem Blasendurchmesser und konstanten Sättigungsbedingungen kann die Blase anwachsen, bis sie sich durch Auftriebskräfte von ihrer Keimstelle losreißt. Da im Allgemeinen eine niedrige Überhitzung der Flüssigkeit anzustreben ist, folgt aus den genannten Erkenntnissen, dass eine beheizte Oberfläche vor allem zwei Kriterien aufweisen sollte:

1. Hohe Keimstellendichte

Die Oberfläche ist mit möglichst vielen Keimstellen auszuführen, sodass die Entstehung von Dampfblasen potenziell an vielen Orten möglich ist. Kurihari und Myers [53] und Corty und Foust [18] untersuchten den Einfluss der Anzahl der Keimstellen und der Oberflächenrauheit auf den Wärmeübergang und stellten eine Abhängigkeit des Wärmeübergangskoeffizienten gemäß Gl. 2.9 fest.

$$\alpha_{verd} \propto (N/A)^{0,43} \tag{2.9}$$

N bezeichnet hierbei die Anzahl der Keimstellen und A steht stellvertretend für die untersuchte Fläche. Nach Gl. 2.9 führt eine hohe Keimstellendichte bereits bei geringerer Überhitzung der Heizwand zu einem erhöhten Aufkommen an Blasen und damit zu einer effektiveren Durchmischung der Flüssigkeit und zu einem gesteigerten Wärmeübergangskoeffizienten α_{verd}. Die maximale Wärmestromdichte $\dot{q}_{max}$ ist zudem bereits bei geringeren Temperaturdifferenzen ΔT erreichbar.

Die Ausführung der Heizfläche mit vielen Keimstellen wird erst seit den letzten Jahrzehnten durch das zunehmende Wissen über die Verdampfungsmechanismen und verbesserte Fertigungsmethoden intensiv durch verschiedenste Formen der Oberflächenbearbeitung oder -beschichtung an Rohren realisiert. Im Folgenden wird hierbei zwischen porösen Metallschichten und integral gefertigten Oberflächen unterschieden, da diese die gebräuchlichsten Methoden darstellen.

Als einer der ersten erkannte Milton [61] die Möglichkeit, die Anzahl der Keimstellen durch Aufbringen einer gesinterten, porösen Metallschicht zu erhöhen. Abb. 2.3 zeigt hierzu das Verhalten von Flüssigkeit und Dampf in einer idealisierten porösen Oberfläche. Durch Verbesserungen dieser Metallschicht, die unter dem Namen "High Flux" bekannt wurde, konnte Milton [61] bspw. eine mehr als 20-fache Steigerung des Wärmeübergangs gegenüber glatten Rohren beim Verdampfen von flüssigem Sauerstoff erzielen. Für weitere Stoffe, die von technischem Interesse sind, konnten ebenfalls Verbesserungen um den Faktor 10 beobachtet werden.

Eine weitere Möglichkeit den Wärmeübergang an Rohroberflächen zu verbessern, ist die Anwendung von integral gefertigten Rippengeometrien, initiiert durch Arbeiten von Zieman und Katz [96], Robinson und Katz [71], Myers und Katz [65] und Katz et al. [45].

Das Wissen über die Beeinflussung des Wärmeübergangs durch die Anzahl der Keimstellen war zum Zeitpunkt dieser Arbeiten jedoch noch nicht fundiert. Daher war zunächst die Leistungssteigerung allein durch Oberflächenvergrößerung beabsichtigt. Es stellte sich jedoch heraus, dass die Berippung den Siedeprozess begünstigt und eine höhere Leistungssteigerung möglich war, als durch die Oberflächenvergrößerung erwartet wurde. Für Verdampfungszwecke wird im Allgemeinen die Rippenhöhe vergleichsweise niedrig gewählt, da die Effizienz der Rippe bei mittelhohen oder hohen Rippen stark abnimmt.

Grundsätzlich ist der Wärmeübergang an Rippenrohr nach Fath und Gorenflo [22] [21] [30] sehr stark abhängig von dem verwendeten Stoff bzw. dessen Oberflächenspannung σ, dem reduzierten Druck p^*, der Wärmestromdichte $\dot{q}$ und dem

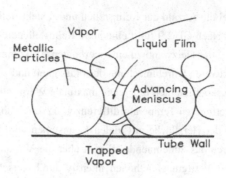

Abb. 2.3: Idealisierte Oberfläche einer porösen Metallschicht [86]

Abstand zwischen den Rippen. Im Allgemeinen wird für Stoffe mit geringen Oberflächenspannungen eine Rohroberfläche mit höherer Rippendichte empfohlen und
dementsprechend eine geringe Rippendichte für Stoffe mit hohen Oberflächenspannungen [86].

2. Optimierte Geometrie der Keimstelle

Durch die Entwicklung fertigungstechnischen Verfahren kann auch die geometrische Optimierung der Keimstellen einen entscheidenden Einfluss auf die Leistungscharakteristik der Heizoberfläche haben. Aus Gl. 2.7 ist bekannt, dass mit steigender Wandtemperatur immer mehr Keimstellen aktiv zur Blasenbildung beitragen, da
die nötige Überhitzung auch zunehmend für Keimstellen ausreichend ist, an denen
kleinere Blasen entstehen. Ziel ist es demnach Keimstellen so auszulegen, dass die
Entstehung und das Wachstum einer Dampfblase begünstigt werden.

Die Steigerung des Wärmeübergangs durch verbesserte Oberflächenstrukturen
ist derzeit aktuelles Forschungsthema und wurde in der Vergangenheit bereits in
einer Vielzahl von Arbeiten untersucht. Die Ausführung der Keimstelle auf der
Rohroberfläche in Form von Kavitäten wurde erstmals von Griffith und Wallis [32]
experimentell untersucht. Sie stellten fest, dass der Öffnungsdurchmesser der Kavität den Blasenradius und somit die nötige Überhitzung der Wand beeinflusst. Zudem vermuteten sie, dass eine Kavität, wie sie in Abb. 2.4 zu erkennen ist, zu einer
stabileren Blasenbildung führen würde, da für konkave Ausbildungen der Grenzfläche zwischen Dampf und Flüssigkeit negative Überhitzungswerte auftreten würden.

Blasenwachstum würde daher bis zum Erreichen einer konvexen Grenzfläche bereits unterhalb der Sättigungstemperatur vorliegen bis erneut ein Gleichgewichtszustand erreicht wird. Darüber hinaus erwiesen sich Kavitäten als optimale

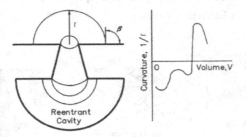

Abb. 2.4: Grenzfläche zwischen Dampf und Flüssigkeit und dessen Krümmung innerhalb und außerhalb einer Kavität [86]

Möglichkeit Gase oder Dämpfe einzuschließen, um die Grundlage für das Wachstum der Blasen zu ermöglichen. Untersuchungen von Bankoff [3] zeigen, dass die Ausbreitung einer flüssigen Phase über eine raue Oberfläche zum Einschließen von Gasen führen kann, wenn der Randwinkel der Flüssigkeit β größer als der Winkel einer Kavität θ oder Kerbe ist.

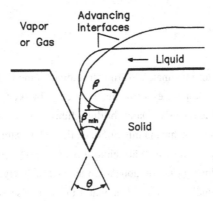

Abb. 2.5: Ausbreitung eines Flüssigkeitsfilmes über eine mit Gas oder Dampf gefüllte Kerbe [86]

Aus der Zielsetzung möglichst viele Keimstellen mit möglichst optimaler Geometrie auf der Rohroberfläche aufzubringen folgten verschiedene Ansätze zur Umsetzung, die jeweils auf verschieden Fertigungstechnologien basierten. Abb. 2.6 zeigt hierzu einige Beispiele zur Realisierung von Kavitäten, deren Geometrie entscheidenden Einfluss auf die Leistungscharakteristik des Rohres hat. Daneben ist die Dichte dieser Kavitäten bzw. die Rippendichte (fpi = fins per inch) von Bedeutung und wird oftmals als Referenz verwendet.

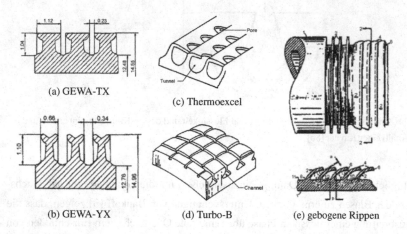

(a) GEWA-TX

(c) Thermoexcel

(b) GEWA-YX   (d) Turbo-B   (e) gebogene Rippen

Abb. 2.6: Beispielhafte Ausführung zur Realisierung von Kavitäten auf Rohroberflächen [14] [92] [93]

2.1.3 Filmsieden

Wird über den Punkt der maximalen Wärmestromdichte eine Erhöhung der Wandtemperatur erzwungen, kommt es vermehrt zu Wechselwirkungen der Blasen im wandnahen Bereich. Die intensive Dampfbildung führt zu koalierenden Blasen, die die Heizwandoberfläche zunehmend mit einem isolierenden Dampffilm überziehen. Aus der vergleichsweise niedrigen Wärmeleitfähigkeit des Dampfes folgt mit Ausweitung des Dampffilms ein rapide abnehmender Wärmeübergang bzw. eine abnehmende Wärmestromdichte. Ist die Heizwand nur teilweise von einem Dampffilm bedeckt, spricht man von partiellem Filmsieden. Vollständiges Filmsieden wird demnach bei vollständiger Benetzung der Heizwand mit einem Dampffilm erreicht. Der Wert der Wärmstromdichte nimmt am sogenannten Leidenfrostpunkt ein lokales Minimum an. Höhere Wärmestromdichten sind ausgehend von diesem Punkt durch eine deutliche Erhöhung der Wandtemperatur zu erreichen. Die Turbulenz im Dampffilm steigt hierdurch an und führt zu höheren Wärmeübergangskoeffizienten. Zudem gewinnt bei hohen Wandtemperaturen der Anteil der Wärmestrahlung an der Wärmeübertragung an Einfluss. Alternativ kann eine Absenkung der Wandtemperatur, ausgehend vom Leidenfrostpunkt, den gewünschten Kollaps des Dampffilms auslösen. Da der geschlossene Dampffilm eine hohe Stabilität aufweist und erst bei vergleichsweise geringen Wärmestromdichten zusammenbricht, kommt es durch Senkung der Wandtemperatur zu einem Hysterese-Effekt, der einen direkten Übergang zum Blasensieden verursacht. Eine erneute Anhebung der Wandtemperatur resultiert dann in höheren Wärmestromdichten bei vergleichsweise geringen Wandüberhitzungen.

2.1.4 Wärmeübergang beim Blasensieden

Die Möglichkeit bei kleinen Temperaturdifferenzen zwischen Heizwand und Flüssigkeit verhältnismäßig hohe Wärmestromdichten zu erzielen, hat zu der heutigen Bedeutung des Blasensiedens beigetragen. Dieser Vorteil wurde bereits früh erkannt und es lassen sich viele Untersuchungen und Studien der letzten Jahrzehnte in der Literatur finden, in denen Korrelationen zur Vorhersage des Wärmeübergangs von verschiedenen Flüssigkeiten, Rohrgeometrien und -materialien entwickelt wurden.

In einer aktuellen Studie von Chen [16] werden Messwerte mit einigen bekannten Korrelation für wasserbeheiztes Blasensieden an Glattrohren verglichen, die je nach ihrem Berechnungsverfahren unterschieden werden. Neben Korrelationen von Rohsenow [72], Stephan und Abdelsalam [82] und Forster und Zuber [24], die thermophysikalische Stoffeigenschaften für die Berechnung des Wärmeübergangs zugrunde legen und die mikroskopischen Mechanismen der Wärmeübertragung berücksichtigen, existieren alternative Korrelationen von Cooper [17], Borishanski [8], Mostinski [63] und Gorenflo [29]. Diese basieren auf einer makroskopischen Betrachtung des Wärmeübergangs und verwenden den reduzierten Druck p^* (Gl. 2.3) als Berechnungsgrundlage. Der Vergleich der experimentell ermittelten Messwerte von Chen [16] mit den genannten Korrelationen zeigt, dass die Wärmeübergangskoeffizienten im Allgemeinen zu niedrig vorhergesagt werden. Die beste Übereinstimmung für alle getesteten Kältemittel konnte Chen [16] mit der Korrelation von Gorenflo [29] erreichen, obwohl diese den Wärmeübergang im Mittel mit ca. 30%

ebenfalls unterbewertet. Als Lösung schlägt Chen einen Korrekturfaktor von 1,47 vor, um die gemessenen Wärmeübergangskoeffizienten in einem Fehlerbereich von 3,3-9,5% vorhersagen zu können.

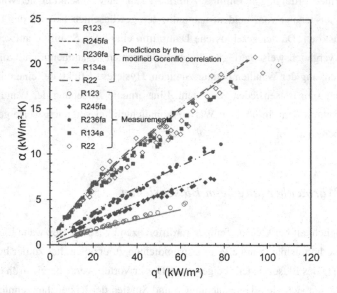

Abb. 2.7: Vergleich der vorhergesagten Wärmeübergangskoeffizienten beim Blasensieden durch die modifizierte Gorenflo-Korrelation mit Messwerten [16]

Obwohl die modifizierte Gorenflo-Korrelation eine sehr gute Übereinstimmung zeigt, sind die experimentell ermittelten Werte eines Autors mit einem gebührenden Maß an Vorsicht zu behandeln. Zudem werden die Wärmeübergangskoeffizienten insbesondere für R134a und R22 bei hohen Wärmestromdichten überbewertet. Im Ernstfall kann dies bei der Auslegung des geplanten Versuchsstands zu einer Unterdimensionierung führen. Im Folgenden wird daher die herkömmliche Korrelation von Gorenflo [29] im Detail beschrieben, da diese im Rahmen vorliegenden Arbeit Anwendung findet.

Die Vorgehensweise zur Berechnung des Wärmeübergangs ist demnach die Aufteilung der Einfluss nehmenden Parameter in Gruppen. Zu nennen sind die Eigenschaften der Heizfläche C_W, des zu verdampfenden Stoffes und die Betriebsparameter, zu denen die Wärmestromdichte $\dot{q}$ und der Sättigungsdruck p_s gehören.

Es gilt für den gesuchten Wärmeübergangskoeffizienten

$$\frac{\alpha_{verd}}{\alpha_{verd,0}} = C_W F(p^*) \left(\frac{\dot{q}}{\dot{q}_0}\right)^n. \qquad (2.10)$$

$F(p^*)$ gibt hierbei den Betriebsparameter des reduzierten Sättigungsdrucks und $(\dot{q}/\dot{q}_0)^n$ den Betriebsparameter der Wärmestromdichte in Bezug auf einen Normierungszustand wieder, auf den sich auch $\alpha_{verd,0}$ bezieht. Die Stoffeigenschaften sind nicht explizit aufgeführt, sondern sind in $\alpha_{verd,0}$ enthalten. Der Normierungszustand kann prinzipiell frei gewählt werden. Gorenflo [29] richtet sich jedoch nach gebräuchlichen Werten für die Wärmestromdichte von $\dot{q} = 20.000\,\text{W/m}^2\text{K}$ und einem reduzierten Sättigungsdruck $p^* = 0,1$, da dies häufige Betriebsparameter beim Verdampfen in technischen Anlagen sind.

Mit dem Term $(\dot{q}/\dot{q}_0)^n$ wird der Einfluss durch vom Normierungszustand abweichende Wärmestromdichten bei konstantem reduzierten Druck $p^* = 0,1$ erfasst. Durch den Exponenten

$$n = n(p^*) \qquad (2.11)$$

wird dabei berücksichtigt, dass bei Verwendung von technisch rauen Heizflächen die Zunahme des Wärmeübergangskoeffizienten für höhere Sättigungsdrücke geringer ausfällt. Aus einer Reihe von experimentellen Messwerten, die von diversen Autoren mittels verschiedener Flüssigkeiten überwiegend an horizontalen Flüssigkeiten ermittelt wurden, bildet Gorenflo [29] die Beziehung

$$n = 0,9 - 0,3 p^{*0,3}, \qquad (2.12)$$

die für alle untersuchten Flüssigkeiten mit Ausnahme von Helium und Wasser gültig ist. Gute Übereinstimmungen werden für Halogenkohlenwasserstoffe erzielt, für welche die Beziehung aus Gl. 2.12 angepasst wurde, da sie für technische Belange von besonderer Wichtigkeit sind.

Für einen vom reduzierten Druck $p^* = 0,1$ abweichenden Betrieb wird der Umrechnungsfaktor

$$F(p^*) = 1,2 p^{*0,27} + \left(2,5 + \frac{1}{1 - p^*}\right) p^* \qquad (2.13)$$

eingeführt, der die Druckabhängigkeit des Wärmeübergangskoeffizienten bei einer Wärmestromdichte $\dot{q} = 20.000\,\text{W/m}^2\text{K}$ berücksichtigt. Wie für den Exponenten n lassen sich gute Übereinstimmungen für Halogenkohlenwasserstoffe in Abb. 2.8 feststellen. Vereinzelnd auftretende Abweichungen der Messwerte von der genannten Korrelation, treten zum Teil durch von Kupfer abweichenden Materialien und

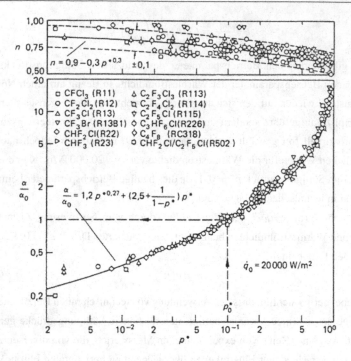

Abb. 2.8: Wärmeübergangskoeffizient und Exponent n beim Blasensieden als Funktion des reduzierten Drucks für Halogenkohlenwasserstoffe [29]

anders gearteten Heizkörpergeometrien auf [29]. Die untere Grenze des Gültigkeitsbereichs wird von Gorenflo mit $p_s = 0,1$ bar absolut angegeben, da sich unterhalb dieses Drucks gravierende Abweichungen bei der Blasenbildung ergeben. Als obere Grenze gilt ein reduzierter Druck $p^* = 0,9$, da für höhere Werte wenige experimentelle Messwerte vorhanden sind, um einen sicheren Abgleich der Korrelation durchführen zu können. Des Weiteren wird, wie in Abs. 2.1.2 beschrieben, die nötige Überhitzung der Heizfläche nahe dem kritischen Druck p_{krit} sehr klein, sodass die Anforderungen an die Messgenauigkeit steigen. Für herkömmliche Verdampfungsanwendungen ist der Gültigkeitsbereich damit allerdings ausreichend.

Der Einfluss der Heizwandeigenschaften, der durch C_W angegeben wird, ist nach Gorenflo [29] trotz diverser Untersuchungen insbesondere für große Druckbereiche noch nicht im ausreichenden Maße geklärt. Der Faktor C_W ist daher als vorläufiger Berechnungsvorschlag zu sehen, der Materialeigenschaften und Rauheitswerte

unabhängig von einander behandelt. Als Hindernis stellt sich vor allem die Beeinflussung des Wärmeübergangs durch die Rauheit heraus. Es ist anzunehmen, dass
gleiche Methoden zur Oberflächenbearbeitungen bei unterschiedlichen Materialeigenschaften nicht zu gleichen Rauheitswerten führen [29]. Für eine getrennte Analyse von Rauheit und Materialeigenschaften sind daher sehr genaue Informationen
zur Oberflächenbeschaffenheit erforderlich, um falsche Schlüsse aus gewonnenen
Messwerten zu vermeiden. Die Abhängigkeit des Wärmeübergangs von der Rauheit der Heizoberfläche wird von Stephan [81] mit

$$\alpha_{verd} \propto R_p^{0,133} \tag{2.14}$$

angegeben. Jones et al. [43] verweist auf eine Reihe von Korrelationen weiterer Autoren, die jedoch in ihrer Gesamtheit keine zufriedenstellenden Übereinstimmungen
mit der Realität zulassen. Zudem stellt er durch eigene Untersuchungen von verschiedenen Kältemitteln und diversen Oberflächenrauheiten sehr unterschiedliche
Abhängigkeiten des Wärmeübergangs von der Rauheit fest und empfiehlt zukünftige Untersuchungen auf diesem Gebiet. Da der Rauheitswert R_p durch die neue ISO
Norm 4287/1:1984 ersetzt wurde, gilt nach [78] die Beziehung für den normierten
Rauheitswert

$$R_{a0} = 0,4R_{p0} = 0,4\mu m \tag{2.15}$$

und nach Gorenflo [29] der Zusammenhang

$$C_{W,R} = \left(\frac{R_a}{R_{a,0}} \right)^{0,133}. \tag{2.16}$$

Für rauere Oberflächen folgt hieraus ein höherer Wärmeübergangskoeffizient. Dies
ist nach Abs. 2.1.2 plausibel, da im Allgemeinen eine höhere Keimstellendichte an
rauen Heizoberflächen vermehrt zur Dampfblasenbildung beiträgt. Die Vorausberechnung nach der Korrelation von Stephan [81] ist als konservativ anzusehen. Um
exakte und allgemeingültige Beziehungen herausarbeiten zu können, sind weitere
Untersuchungen auf dem Gebiet der Oberflächenbeschaffenheit durchzuführen.

Die Stoffeigenschaften der Heizwand werden durch die Wärmeeindringzahl

$$b = \sqrt{\lambda \rho c} \tag{2.17}$$

charakterisiert. Diese beeinflusst die instationäre Wärmeleitung, die für die Blasenbildung auf mikroskopischer Ebene von Bedeutung ist [57]. Gorenflo [29] verweist

auf aktuelle, jedoch spärlich vorhandene Messungen, die eine Gesetzmäßigkeit in Form von

$$\alpha \propto (\lambda \rho c)^{0,25} = b^{0,5} = C_{W,b} \tag{2.18}$$

suggerieren, weist allerdings gleichzeitig darauf hin, dass Untersuchungen von Siebert [79] und Braun [10] zum einen mit dieser Beziehung übereinstimmen, zum anderen jedoch auch widersprechen. Es wird deutlich, dass auch auf diesem Gebiet weitere Untersuchungen erforderlich sind, um verlässliche Korrelationen aufstellen zu können. Es folgt mit

$$\frac{\alpha_{verd}}{\alpha_{verd,0}} = C_{W,R} C_{W,b} F(p^*) \left(\frac{\dot{q}}{\dot{q}_0} \right)^{n(p^*)}, \tag{2.19}$$

dass Abweichungen von den Normierungszuständen zur Beeinflussung des Wärmeübergangskoeffizienten α_{verd} führen.

Der Einfluss des Rohraußendurchmessers d_a wird durch Sokol [80] und Kaupmann [46] auf konvektive Effekte beim Aufsteigen von Dampfblasen entlang des Rohrumfangs reduziert und zeigt bei geringen und mittleren Wärmestromdichten sowie moderaten Sättigungsdrücken erhöhte Wärmeübergänge. Der Einfluss kann jedoch als gering bezeichnet werden und wird aufgrund der Verwendung von Rohren mit üblichen Dimensionen im Rahmen dieser Arbeit nicht weiter berücksichtigt.

Die Vorausberechnung des Wärmeübergangs mittels Gl. 2.19 setzt einen ermittelten Wärmeübergangskoeffizienten $\alpha_{verd,0}$ für den Normierungszustand voraus und beinhaltet damit die Eigenschaften der Flüssigkeit, die verdampft werden soll. $\alpha_{verd,0}$ lässt sich über die Beziehung

$$Nu = 0,1 \left(\frac{\dot{q}_0 d_b}{\lambda' T_s} \right)^{0,674} \left(\frac{\rho''}{\rho'} \right)^{0,156} \left(\frac{\Delta h_v erd d_b^2}{a'^2} \right)^{0,371} \left(\frac{a'^2 \rho'}{\sigma d_b} \right)^{0,35} \left(\frac{\eta' c_p'}{\lambda'} \right)^{-0,16}$$
$$\tag{2.20}$$

von Stephan und Preußer [83] beschreiben. Hierbei wird der dimensionslose Wärmeübergang

$$Nu = \frac{\alpha_{verd,0} d_b}{\lambda'} \tag{2.21}$$

mit dem Abreißdurchmesser

$$d_b = 0,0149 \beta \left(\frac{2\sigma}{g(\rho' - \rho'')} \right)^{0,5} \tag{2.22}$$

bestimmt. Der Randwinkel β beträgt für die in dieser Arbeit relevanten organischen Flüssigkeiten und Halogenkohlenwasserstoffe ca. 35°.

Den rechnerisch ermittelten Werten von $\alpha_{verd,0}$ sind allerdings vorhandene, experimentell ermittelte Werte zu Normierungsbedingungen vorzuziehen. Tabelle 2.1 zeigt hierzu eine Gegenüberstellung von $\alpha_{verd,0,ber}$ und $\alpha_{verd,0,exp}$ für Flüssigkeiten, die für den Versuchsstand vorgesehen sind. Die rechnerische Ermittlung wurde aufgrund besserer Eignung mit Gl. 2.19 für $p^* = 0,03$ und anschließender Anwendung von Gl. 2.13 zur Angleichung an $p^* = 0,1$ vorgenommen. Der experimentell ermittelte Wert von $\alpha_{verd,0}$ wurde durch Mittelung diverser Untersuchungen von Gorenflo [29] zusammengefasst.

Tabelle 2.1: Berechnete und experimentell ermittelte Wärmeübergangskoeffizienten an Kupferheizflächen für R134a und Hexan bei $p^* = 0,1$, $\dot{q}_0 = 20.000 \, \text{W/m}^2\text{K}$ und $R_{a0} = 0,4 \, \mu\text{m}$ [29]

Stoff	p_{krit} $[bar]$	$\alpha_{verd,0,ber}$ $[W/m^2K]$	$\overline{\alpha}_{verd,0,exp}$ $[W/m^2K]$
R134a	40,6	3.500	4.600
Hexan	30,3	2.870	3.300

2.2 Kondensation

Kondensation liegt vor, wenn Dampf in Kontakt mit einer Oberfläche tritt, deren Temperatur T_w unterhalb der Sättigungstemperatur T_s des Dampfes liegt und verflüssigt wird. Zum einen existiert die homogene Form der Kondensation, wie bspw. bei spontaner Nebelbildung, durch statistisch aufeinander treffende Dampfteilchen, die jedoch selten auftritt, da eine vergleichsweise hohe Übersättigung des Dampfes erforderlich ist. Zum anderen kann die Kondensatbildung an kleinen Partikeln, bereits entstandenen Tropfen oder direkt an der flüssigen Phase des Stoffes erfolgen. Man spricht in diesem Fall von heterogener Kondensation, die deutlich häufiger und vor allem in technischen Anlagen auftritt. In zuletzt genannten kann die Verflüssigung des Dampfes durch die Einspritzung einer unterkühlten Flüssigkeit oder indirekt an einer gekühlten Wand erfolgen. Abhängig von den Grenzflächen- bzw. Oberflächenspannungen zwischen Wand, Flüssigkeit und Dampf liegen zudem entweder Tropfen- oder Filmkondensation vor.

2.2.1 Tropfenkondensation

Obwohl die Tropfenkondensation einen um eine Größenordnung gesteigerten Wärmeübergangskoeffizienten gegenüber der Filmkondensation aufweisen kann und intensiv auf diesem Gebiet geforscht, sind die Mechanismen der Tropfenkondensation noch nicht eindeutig geklärt. Es existieren verschiedene zum Teil widersprüchliche Modellvorstellungen zur Beschreibung des Kondensationsvorgangs [54], die die außerordentlich hohen Wärmeübergänge zu erklären versuchen. Während ein Modell im Wesentlichen von einer sehr dünnen Filmschicht des Kondensats zwischen den Tropfen ausgeht, von wo aus sich der Transport

(a)   (b)

Abb. 2.9: (a) Mischkondensation [49] (b) Tropfenkondensation [48]

zu den Tropfen vollzieht, findet der Stofftransport in einem anderen Modell ausschließlich über die Oberfläche der Tropfen statt. Die freie Fläche gilt hierbei als inaktiv. Einig ist man sich jedoch, dass gekühlte Oberflächen mit lokal niedriger Oberflächenenergie Keimstelle für kleine Tropfen sind, da hier geringe Oberflächenspannungen auftreten [54]. Durch Wachstum vereinigen sich benachbarte Tropfen und rollen aufgrund der zunehmenden Schwerkraft oder durch Scherkräfte, die durch die Dampfströmung verursacht wird, ab. Auf seinem Weg reißt ein abrollender Tropfen weitere Tropfen mit sich. Durch diesen Vorgang wird die Oberfläche frei für zahlreiche neue Keimstellen und begünstigt den Wärmeübergang durch die geringe Isolationswirkung des Kondensats.

Da Tropfenkondensation nur bei unvollständiger Benetzung der Oberfläche möglich ist, muss geklärt werden in welchem Fall dies erreicht werden kann. Mit der

Youngscher Gleichung

$$\cos \beta_0 = \frac{\sigma_{sv} - \sigma_{sl}}{\sigma_{lv}} \tag{2.23}$$

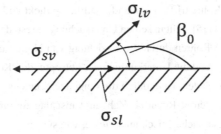

Abb. 2.10: Grenzflächenspannungen am Tropfenrand im Gleichgewichtszustand nach [2]

und anhand von Abb. 2.10 lässt sich das Kräftegleichgewicht an der Grenzfläche eines Tropfens erklären. Die Indizes s,v und l der Grenzflächenspannung σ bezeichnen hierbei die Wand, den Dampf und die Flüssigkeit. β_0 versteht sich als Randwinkel des Tropfens. Die genannten Spannungen sind aufgeprägte Stoffeigenschaften. Hohe Werte von β_0 führen demnach zu einer unvollständigen Benetzung und damit zur Tropfenkondensation. Untersuchungen von [49] zeigen, dass für $\beta_0 = 74°$ bereits Mischkondensation, wie in Abb. 2.9b zu sehen ist, auftreten kann.

2.2.2 Filmkondensation

Bei kleinen Randwinkeln β_0 folgt nach Gl. 2.23 die Ausbildung flacher, großflächiger Tropfen und bei deren Wachstum eine vollständige Benetzung der Oberfläche. Die Ableitung der Kondensationswärme an die gekühlte Wand erfolgt durch den gebildeten infolge der Schwerkraft abfließenden Film, der aufgrund seiner vergleichsweise geringen Wärmeleitfähigkeit insbesondere bei laminarer Strömung als Isolierung wirkt. Als Bedingung für laminare Strömung sind geringe Dampfgeschwindigkeiten und eine dünne Filmdicke zu nennen [2].

Nußelt [66] hat eine grundlegende Theorie zur laminaren Filmkondensation aufgestellt und sowohl für senkrechte Wände und Rohre, als auch horizontale Rohre Beziehungen für den Wärmeübergang bei der Filmkondensation aufgestellt. Darüber hinaus hat Nußelt Beziehungen für die Verschlechterung des Wärmeübergangs durch Kondensatüberschwemmung bei vertikaler Anordnung von horizontalen Rohren erarbeitet. Als Ursache für den abnehmenden Wärmeübergang für die unteren Rohre ist das abfließende Kondensat der oberen Rohre zu nennen, welches auf die darunter liegenden Rohre trifft, den Kondensatfilm verdickt und die Isolationswirkung verstärkt. Chen [15] stellt in seinen Untersuchungen fest, dass der Wärmeübergang an den unteren Rohren durch die Beziehung von Nußelt unterbewertet wird, da Mischungseffekte und die Unterkühlung des abtropfenden Kondensats nicht berücksichtigt werden. Zudem kann durch die steigende Kondensatmenge und die damit zunehmende Kondensat-Reynolds-Zahl ein Umschlag zur turbulenten Filmströmung vorliegen. Zusätzliche Mischungseffekte, wie sie für turbulente Strömungen üblich sind, heben damit die isolierende Wirkung bei steigender Filmdicke zum Teil auf und begünstigen den Wärmeübergang. Analytische Untersuchungen von Mostofizadeh und Stephan [64] und die Arbeit von Incropera und DeWitt [40] zeigen zudem, dass für hohe Prandtl-Zahlen des Kondensats sogar größere Wärmeübergangskoeffizienten möglich sind, als bei laminarer Filmkondensation. An horizontalen Einzelrohren tritt hingegen in den seltensten Fällen turbulente Filmkondensation auf, da die Kühlstrecke entlang des Rohrumfangs zu kurz ist [85]. Es treten jedoch selbst bei eindeutig laminaren Kondensatströmungen Welligkeiten an der Oberfläche auf, die den Wärmeübergang um bis zu 25% steigern können [9] [20]. Grimely [33] stellt mit

$$Re_{krit} = \frac{u_m \delta}{\nu_l} = \frac{\dot{M}}{L\,\eta_l} = 0,392 \left[\left(\frac{\sigma}{\rho_l g} \right)^{1/2} \left(\frac{g}{\nu_l^2} \right)^{1/3} \right]^{3/4} \qquad (2.24)$$

eine Beziehung auf, die die kritische Reynolds-Zahl angibt, ab welcher derartige Welligkeiten auftreten. Sie wird durch die mittlere Strömungsgeschwindigkeit des Kondensats u_m, der Filmdicke δ und der kinematischen Viskosität des Kondensats $\nu_l = \eta_l / \rho_l$ definiert. Daneben ist $\dot{M}$ der Kondensatmassenstrom, der über die Rohrlänge L abfließt.

Trotz Bestätigung dieses Zusammenhangs durch van der Walt und Kröger [88] für das Kältemittel R12, existiert zur Zeit keine allgemeingültige Theorie, die eine verlässliche Anwendung für weitere Stoffe zulässt. Der vorgeschlagene Korrekturfaktor $f = 1,15$ von van der Walt und Kröger [88], der die Verbesserung des Wärmeübergangs durch Wellenbildung berücksichtigen soll, kann daher je nach Anwendungsfall zu Gunsten einer sicheren Auslegung vernachlässigt werden.

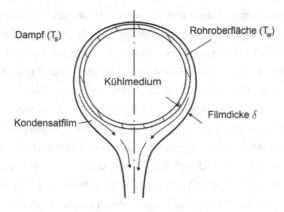

Abb. 2.11: Schematische Darstellung abfließenden Kondensats an einem gekühlten Rohr

Zur Verbesserung des Wärmeübergangs werden seit einigen Jahrzehnten erfolgreich berippte Rohroberflächen, wie in Abb. 2.12 zu erkennen, in industriellen Anlagen eingesetzt. Der Wärmeübergang ist hierbei stark abhängig von geometrischen Faktoren, wie bspw. der Rippenhöhe, der Rippendicke, der Rippenradien und des Rippenabstandes. Zudem weist eine gewählte Rippengeometrie bei Verwendung verschiedener Kältemittel auch unterschiedliche Leistungscharakteristiken auf, da die Stoffeigenschaften des Kältemittels einen erheblichen Einfluss auf die Funktion der Rippen haben.

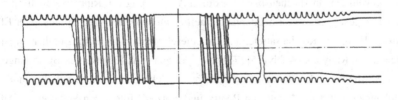

Abb. 2.12: Längsschnitt eines Rippenrohres mit glattem Teilstück [86]

Der erste Ansatz zur Beschreibung des Wärmeübergangs an berippten, horizontalen Rohroberflächen stammt von Beatty und Katz [4], die Untersuchungen mit R22 und diversen Rippengeometrien und -materialien durchgeführt haben. Durch ihr theoretisches Modell konnten sie ihre experimentell gewonnenen Daten mit max. 10 % Abweichung bestimmen. Die Bedeutung der Oberflächenspannung für den

Wärmeübergang erkannte jedoch erst Gregorig [31], der gewellte Rohroberflächen nach Abb. 2.13 untersuchte. Dabei stellte er fest, dass das gebildete Kondensat unter Einfluss der Oberflächenspannung bestrebt ist in Bereiche mit kleinen Krümmungs-radien der Rohroberfläche, wie z.B. dem Wurzelbereich einer Rippe, zu fließen, da hier der Radius der Kondensatoberfläche zunimmt und der Druck im Inneren der Flüssigkeit nach Gl. 2.7 gesenkt wird. Durch Abfließen des Kondensats von den Rippen in den Wurzelbereich, wird die Filmdicke auf den Rippen im Mittel redu-ziert und erhöht durch den geringeren thermischen Widerstand den Wärmeüber-gang. Weitere Arbeiten von Adamek [1], Karkhu und Borokov [44] und Zener und Lavi [95] folgten auf Gregorig's Veröffentlichung, in denen neue Rippengeometrien vorgestellt wurden, um den Wärmeübergang durch Kondensatabfluss in den Wur-zelbereich weiter zu optimieren.

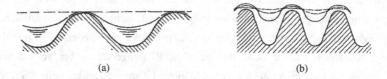

(a)   (b)

Abb. 2.13: Kondensatprofile für unterschiedlich gewellte Oberflächen [31]

Obwohl die Oberflächenspannung durch Anwendung von Rippengeometrien zu deutlich gesteigerten Wärmeübergangskoeffizienten verhalf, ging ein negativer Ef-fekt in Form von Kondensatretention im unteren Bereich des Rohres einher. In Ar-beiten von Rudy und Webb [76] [77] sowie Honda et al. [36] wurden Beziehungen zur Bestimmung des Retentionswinkels γ entwickelt. Aufbauend auf diesen Be-ziehungen und dem Modell von Beatty und Katz [4] folgte von Webb et al. [89] eine Korrelation zur Bestimmung des Wärmeübergangs unter Berücksichtigung des Kondensatabflusses in den Wurzelbereich und dessen Retention. Für eine Reihe von berippten Rohren und dem verwendeten Kältemittel R11 konnten die experimentell ermittelten Werte in Bereich von $\pm20\%$ wiedergegeben werden. Weitere Verbes-serungen dieses Modells führten Honda und Nozu [37] [38] durch, indem sie den Effekt der Kondensatströmung und die inhomogene Wandtemperatur infolge der Retention berücksichtigten.

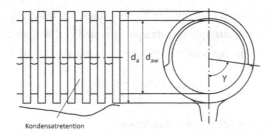

Kondensatretention

Abb. 2.14: Kondensatretention an einem Rippenrohr nach [91]

Durch die Weiterentwicklung der Fertigungsmöglichkeiten werden zunehmend komplexere dreidimensionale Rohroberflächen zur Kondensation von Dämpfen interessant, da sie im Vergleich zu den herkömmlichen, zweidimensionalen Rippenstrukturen zum Teil deutlich höhere Wärmeübergangskoeffizienten zulassen. Begründet liegt dies unter anderem an der verbesserten Fähigkeit der Rohre Kondensat abzuscheiden. Überlagerte Längsrillen im herkömmlichen, zweidimensionalen Rippenrohr begünstigen das frühzeitige Abtropfen des Kondensats und verhindern vor allem im unteren Bereich des Rohres die Aufdickung des Kondensatfilms. Im Mittel wird auf diese Weise die Filmdicke reduziert und der Wärmeübergang erhöht.

Obwohl in jüngster Zeit viele experimentelle Untersuchungen dieser Rohre vorgenommen wurden, liegen nur wenige Modelle zur Vorhersage des Wärmeübergangs vor. In diesem Kontext sind vor allem Arbeiten von Belgahzi [5] und Gstöhl [34] zu nennen, in denen diverse Rohre mit dreidimensionaler Struktur und dem Kältemittel R134a untersucht wurden. Beide Autoren geben auf Grundlage ihrer Messdaten Korrelationen an, deren Gültigkeit allerdings nur für die verwendeten Rohr-Kältemittel-Paarungen gegeben ist und daher nur bedingt anwendbar sind. Die Aufstellung allgemeingültiger Korrelationen wird durch die Vielzahl an unterschiedlichen Strukturen und den komplexer werdenden Mechanismen der Kondensation an dreidimensionalen Strukturen erschwert.

2.2.3 Wärmeübergang bei der Filmkondensation

Für die Berechnung des Wärmeübergangskoeffizienten α_{kond} wird eine laminare Filmkondensation an horizontalen Einzelrohren nach Nußelt's Berechnungen [66] zugrunde gelegt. Hieraus folgt mit den Temperaturen der Wand T_w, der Sättigungstemperatur T_s, der Verdampfungsenthalpie Δh_v und der Wärmeleitfähigkeit des Kondensats λ_l der umfangsgemittelte Wärmeübergangskoeffizient

$$\alpha_{kond,m} = 0,728 \left(\frac{\rho_l(\rho_l - \rho_v)g\Delta h_v \lambda_l^3}{\eta_l(T_s - T_w)d_a} \right)^{1/4}. \tag{2.25}$$

Die Energiebilanz zur Bildung des Kondensats

$$\dot{M}\Delta h_v = \alpha_{kond,m}(T_s - T_w)\pi d_a L \tag{2.26}$$

ermöglicht die Eliminierung der Temperaturdifferenz in Gl. 2.25 und führt nach Umformung zu

$$\frac{\alpha_{kond,m}}{\lambda_l} \left(\frac{\eta_l^2}{\rho_l(\rho_l - \rho_v)g} \right)^{1/3} = 0,959 \left(\frac{\dot{M}}{\eta_l L} \right)^{-1/3} \tag{2.27}$$

bzw. zu

$$Nu = \frac{\alpha_{kond,m}\ell}{\lambda_l} = 0,959 \left(\frac{1 - \frac{\rho_v}{\rho_l}}{Re_l} \right)^{1/3}. \tag{2.28}$$

Hierbei gilt für die charakteristischen Länge

$$\ell = \sqrt[3]{\frac{v_l^2}{g}} \tag{2.29}$$

und die Kondensat-Reynolds-Zahl

$$Re_l = \frac{\dot{M}}{L\eta_l}. \tag{2.30}$$

Die genannten Indizes v und l beziehen sich wie in den vorherigen Abschnitten auf den dampfförmigen bzw. flüssigen Zustand des Kältemittels.

In technischen Anlagen ist die Annahme, dass ruhender Dampf das gekühlte Rohr umgibt häufig fehlerhaft, da strömender Dampf durch Ausübung von Scherkräften auf den Kondensatfilm den Wärmeübergang beeinflussen kann. Die Arbeit von Fujii et al. [25] gibt hierzu die Beziehung

$$Nu_{kond} = \frac{\alpha_{kond,m}\ell}{\lambda_l} = C\chi \left(1 + \frac{0,276Pr_l}{\chi^4 FrPh} \right)^{1/4} \sqrt{Re_v} \frac{\ell}{d} \tag{2.31}$$

an, die den Einfluss von abwärts strömendem Dampf berücksichtigt. Für Gl. 2.31 gelten folgende Zusammenhänge:

$$\chi = 0,9 \, (1 + G^{-1})^{1/3}, \quad G = \frac{Ph}{Pr_l} \left(\frac{\rho_l \eta_l}{\rho_v \eta_v} \right)^{0,5}$$

$$Ph = \frac{c_{p,l}(T_s - T_w)}{\Delta h_v}, \quad Re_v = \frac{\bar{u}_v d}{v_l}, \quad Fr = \frac{\bar{u}_v^2}{gd}, \quad C = 1.$$

In Abb. 2.15 ist $Nu_v/Re_v^{0,5}$ als Funktion von $Pr_l/FrPh$ in Abhängigkeit des Parameters G dargestellt. Bei hohen Anströmgeschwindigkeiten des Dampfes u_v erreicht $Pr_l/FrPh$ geringe Werte, sodass im Vergleich mit der Beziehung nach Nußelt [66] deutlich höhere Wärmeübergangskoeffizienten $\alpha_{kond,m}$ erreicht werden. Für geringe Anströmgeschwindigkeiten u_v und insbesondere für hohe Werte von G gleicht sich die Beziehung von Fujii et al. [25] der Nußelt-Theorie an.

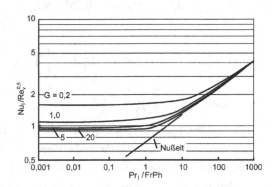

Abb. 2.15: Beeinflussung des Wärmeübergangs durch eine abwärts gerichtete Dampfströmung am horizontalen Rohr [62]

2.3 Wärmeübergang im Inneren von durchströmten Rohren

Die Beheizung bzw. Kühlung der zu untersuchenden Kupferrohre findet indirekt durch ein strömendes Fluid statt, welches im Folgenden mit Wasser angenommen wird, da es eine weite Verwendung findet. Der Wärmeübergang in Rohren mit glatten Innenflächen hängt entscheidend von der vorliegenden Strömungsform ab. Für Reynolds-Zahlen

$$Re = \frac{u_{was}\, d_i}{v_{was}} < 2.300 \tag{2.32}$$

liegt eine laminare Rohrströmung vor. Man spricht auch von Schichtenströmung, da ein Stoffaustausch quer zur Strömungsrichtung in verschwindendem Maße auftritt. Der Wärmeübergang an der Rohrinnenwand wird daher durch die begrenzte Wärmeleitung des Wassers limitiert und ist deutlich schwächer ausgeprägt als bei turbulenter Rohrströmung. Zudem sind laminare Rohrströmungen durch vergleichsweise lange Einlaufstrecken gekennzeichnet, nach denen sich durch Reibung zwischen Rohrwand und Fluid ein ausgebildetes Geschwindigkeits- und Temperaturprofil ausgebildet hat. Erst nach dieser Einlaufstrecke liegt eine hydrodynamisch ausgebildete Strömung vor. Um den hydrodynamischen und thermodynamischen Einlauf der laminaren Strömung bei der Berechnung des Wärmeübergangs mit zu berücksichtigen, hat Martin [58] den mittleren dimensionslosen Wärmeübergang

$$Nu_{m,\vartheta} = [Nu_{m,\vartheta,1}^3 + 0,7^3 + (Nu_{m,\vartheta,2} - 0,7)^3 + Nu_{m,\vartheta,3}^3]^{1/3} \tag{2.33}$$

mit

$$Nu_{m,\vartheta,1} = 3,66, \quad Nu_{m,\vartheta,2} = 1,615 \left(RePr\frac{d_i}{l} \right)^{1/3},$$

$$Nu_{m,\vartheta,3} = \left(\frac{2}{1+22Pr} \right)^{1/6} \left(RePr\frac{d_i}{l} \right)^{1/2}$$

bei konstanter Wandtemperatur angegeben. $Nu_{m,\vartheta,1}$ ist hierbei der Grenzwert für kleine Werte von $RePrd_i/l$ und $Nu_{m,\vartheta,2}$ gilt für große Werte von $RePrd_i/l$. Mit $Nu_{m,\vartheta,3}$ wird der Einfluss der einlaufenden Strömung berücksichtigt.

Die Ausbildung turbulenter Rohrströmungen ist von vielen Faktoren, wie z.B. der Einlaufgeometrie oder Störungen der Strömung durch Einbauten zur Temperaturmessung, abhängig. Im Allgemeinen gilt der Reynolds-Zahl-Bereich $2.300 < Re < 10.000$ als Übergangsbereich zwischen laminarer und turbulenter Strömung. Für $Re > 10.000$, spricht man von voll ausgebildeter turbulenter Strömung. Experimentelle Untersuchungen von Rotta [75] haben gezeigt, dass im Übergangsbereich abwechselnd laminare und turbulente Rohrströmungen auftreten können. Rotta [75] hat zur Beschreibung dieses Vorkommens den Intermittenzfaktor

$$\gamma = \frac{Re - 2.300}{10.000 - 2.300} \quad mit \quad 0 \le \gamma \le 1 \tag{2.34}$$

eingeführt. Gnielinski [27] benutzt diesen Faktor und zahlreiche Messwerte anderer Autoren zur Beschreibung des Wärmeübergangs im Übergangsbereich und gibt die

Beziehung

$$Nu_m = (1 - \gamma)Nu_{m,lam,2.300} + \gamma Nu_{m,turb,10.000} \qquad (2.35)$$

an. Mit

$$Nu_{m,lam,2.300} = [49,371 + (Nu_{m,\vartheta,2,2.300} - 0,7)^3 + (Nu_{m,\vartheta,3,2.300})^3]^{1/3} \qquad (2.36)$$

wird die Nusselt-Zahl bei konstanter Wandtemperatur und $Re = 2.300$ wiedergegeben und somit gemäß Gl. 2.33 der hydrodynamische und thermische Einlauf berücksichtigt. $Nu_{m,turb,10.000}$ stellt den dimensionslosen Wärmeübergang für $Re = 10.000$ dar, den Gnielinski [28] mit

$$Nu_{m,turb,10.000} = \frac{38,5Pr}{1 + 0,788(Pr^{2/3} - 1)}\left[1 + \left(\frac{d_i}{l}\right)^{2/3}\right] \qquad (2.37)$$

bzw. allgemein für voll ausgebildete turbulente Strömungen mit

$$Nu_{m,turb} = \frac{(\zeta/8)RePr}{1 + 12,7\sqrt{\zeta/8}(Pr^{2/3} - 1)}\left[1 + \left(\frac{d_i}{l}\right)^{2/3}\right] \qquad (2.38)$$

angibt. Der jeweils letzte Term in eckigen Klammern in Gl. 2.37 und Gl. 2.38 wurde von Hausen [35] erarbeitet und dient der Berücksichtigung des Strömungseinlaufes für turbulente Strömungen. Im Allgemeinen wirkt sich dieser positiv auf den Wärmeübergang aus [60]. Den Widerstandsbeiwert ζ definiert Konakov [50] für glatte Rohrinnenflächen mit

$$\zeta = (1,8 log_{10}(Re) - 1,5)^{-2} \qquad (2.39)$$

Die allgemeine Form aus Gl. 2.38 in Verbindung mit Gl. 2.39 sind für voll ausgebildete turbulente Rohrströmungen mit $10^4 \leq Re \leq 10^6$ gültig. Die Einlaufstrecken sind hierbei deutlich kürzer als für laminare Rohrströmungen, sodass diese für ausreichend lange Rohre $d_i/l \leq 1$ vernachlässigbar sind [28]. Alternativ gibt Gnielinski [26] mit

$$Nu_m = \frac{(\zeta/8)(Re - 1.000)Pr}{1 + 12,7\sqrt{\zeta/8}(Pr^{2/3} - 1)}\left[1 + \left(\frac{d_i}{l}\right)^{2/3}\right] \qquad (2.40)$$

eine alternative Beziehung für turbulente Strömungen an, die ebenfalls für den Übergangsbereich gültig ist und zudem deutlich einfacher anzuwenden ist, da die Berechnung des Wärmeübergangs für laminare Strömungen entfällt. Für den Widerstandsbeiwert in Gl. 2.40 empfiehlt Gnielinski [26] den von Filonenko [23] aufgestellten mit

$$\zeta = (1,82 \log_{10}(Re) - 1,64)^{-2}. \qquad (2.41)$$

Im Allgemeinen ist zur Steigerung des inneren Wärmeübergangs α_i nach Gl. 2.40 bzw. Gl. 2.38 eine Erhöhung der Strömungsgeschwindigkeit u_{was} des Wassers erforderlich. Dies kann bspw. durch die Anhebung des Volumenstromes erfolgen. Nachteilig wirken sich hierbei die höheren Druckverluste aus, die in der gesamten durchströmten Leitung auftreten. Es folgt ein unwirtschaftlicher Betrieb und die Notwendigkeit von leistungsstarken Pumpen.

Alternativ sind Einbauten im Rohrinneren zur Verringerung des Strömungsquerschnittes möglich, die nur lokal die Strömungsgeschwindigkeit erhöhen und zu deutlich geringeren Druckverlusten führen. Zunehmend gewinnen auch innenberippte Rohre an Bedeutung, da keine weiteren Einbauten zur Steigerung des Wärmeübergangs nötig sind. Zudem führt der Fortschritt bei der Entwicklung strukturierter Rohroberflächen dazu, dass der dominierende Wärmewiderstand vermehrt auf der Innenseite der Rohre auftritt. In der Vergangenheit wurden daher viele unterschiedliche Formen von Innenberippungen ausgeführt und zum Teil getestet. Webb [90] stellt experimentelle Ergebnisse von sieben unterschiedliche Innenberippungen vor und erarbeitet eine Korrelation für den Wärmeübergang bei voll ausgebildeter turbulenter Strömung mit dem Colburn-Faktor

$$j = St Pr^{2/3} = \frac{\alpha A_S}{\dot{m} c_{p,was}} Pr^{2/3} = 0,00933 Re^{-0,181} N_S^{0,285} \left(\frac{e}{d_i}\right)^{0,323} \varphi^{0,505}. \qquad (2.42)$$

Hierbei stellt N_S die Anzahl der Rippen in Umfangsrichtung, e die Rippenhöhe und φ den Winkel der Rippe zur Rohrachse dar. Für $\varphi = 0°$ verlaufen die Rippen parallel zur Rohrachse, für $\varphi = 90°$ normal zur Rohrachse. Mit A_S wird der durchströmte Querschnitt des Rohres definiert. Webb [90] stellt für einen ausgewählten Betriebspunkt, mit $Re = 27.000$, eine Verbesserung des inneren Wärmeübergangskoeffizienten α_i von mehr als 130 % für die in Abb. 2.17 gezeigten Rohre fest.

Zur Verbesserung des Wärmeübergangs tragen laut Webb [90] die Oberflächenvergrößerung und die Strömungsablösungen an den Rippen bei. Diese erzeugen Turbulenzen in der Strömung und führen zur Intensivierung der Mischvorgänge. Webb [90] berichtet zudem von einer Wiederanlegung der Strömung, die stromabwärts nach ca. dem sechs- bis achtfachem der Rippenhöhe stattfindet und lokal die größten Wärmeübergangskoeffizienten verursacht. Experimentell ermittelte Werte werden durch Gl. 2.42 mit einer Genauigkeit von ±10% wiedergegeben. Webb [90] weist darauf hin, dass seine Korrelation für einen Prandtl-Zahl-Bereich von

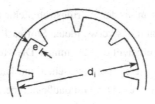

Abb. 2.16: Schematische Darstellung eines innenberippten Rohres [90]

$5,08 \leq Pr \leq 6,29$ gültig ist und bei abweichenden Prandtl-Zahlen ein bedeutend größerer Fehler auftreten kann. Eine Vorausberechnung scheint mit den Korrelationen von Webb für berippte Innenflächen von Rohren mit akzeptabler Genauigkeit möglich zu sein. Liegen jedoch die Prandtl-Zahlen außerhalb des Gültigkeitsbereichs, ist keine verlässliche Anwendung mehr möglich. In diesem Fall kann die in Abs. 2.4 erläuterte Wilson-Plot-Methode angewandt werden, um den Wärmeübergang im Inneren der Rohre zu bestimmen.

(a)   (b)

Abb. 2.17: (a) Innenberippung mit $N_S = 45$, $e = 0,36$ mm und $\varphi = 45°$ [90] (b) Innenberippung mit $N_S = 30$, $e = 0,43$ mm und $\varphi = 45°$ [90]

2.4 Wilson-Plot

Ein naheliegender Ansatz um den Wärmeübergang bei der Kondensation oder Verdampfung experimentell zu ermitteln, ist die Messung der Wandaußentemperatur. Auf Grundlage von Newton's Abkühlungsgesetz

$$\alpha = \frac{\dot{q}}{T_s - T_w} \tag{2.43}$$

und der vorausgesetzten Kenntnis der Wärmestromdichte $\dot{q}$, lässt sich mit der Differenz der Sättigungstemperatur des verwendeten Stoffes T_s und der Wandtemperatur T_w der Wärmeübergangskoeffizient α_a bestimmen. Die Messung der Sättigungstemperatur ist als vergleichsweise simpel anzusehen und kann unter Umständen über den Sättigungsdruck p_s erfolgen. Die Wandaußentemperatur kann bspw. über den Einbau von Thermoelementen ermöglicht werden, da diese in sehr kleinen Größen erhältlich sind. Um den Wärmeübergang durch die Messinstrumentierung möglichst wenig zu stören, werden diese oft in gefrästen Nuten verlegt und bündig mit der Oberfläche des Rohres verschlossen [52]. Die Implementierung von Thermoelementen oder Temperaturfühlern im Allgemeinen ist allerdings für viele Anwendungsfälle aufgrund fertigungstechnischer Grenzen, der Beeinflussung des Wärmeübergangs und der mangelnden Zugänglichkeit nicht trivial. Hinzu kommt, dass für eine exakte Messung mit Thermoelementen eine nötige Homogenität der Wandtemperatur in den seltensten Fällen vorliegt und die Temperatur nur unzureichend genau erfasst werden kann. Während für einfache Geometrien oft sehr gute analytische oder empirische Beziehung verfügbar sind, ist für häufig verwendete, komplexe Geometrien eine Anwendbarkeit dieser Beziehung in den meisten Fällen nicht gegeben. Da mit dem Versuchsstand, der im Rahmen dieser Arbeit aufgebaut wurde, insbesondere der Wärmeübergangskoeffizient α_a an strukturierten Rohroberflächen untersucht werden soll, bietet sich die Wilson-Plot-Methode als Alternative zu dessen Bestimmung an und kommt mit einer deutlich simpleren Form der Instrumentierung aus.

Die nach Wilson [94] benannte Methode wurde ursprünglich entwickelt, um den mittleren Wärmeübergangskoeffizienten von kondensierendem Dampf in Rohrbündelwärmeübertragern zu bestimmen. Grundprinzip ist die Trennung des Gesamtwiderstandes der Kondensation in einzelne Teilwiderstände und deren Bestimmung in festgelegter Reihenfolge. Zunächst ist der Gesamtwiderstand

$$R_{ges} = R_a + R_w + R_i \qquad (2.44)$$

die Summe aus dem Kondensationswiderstand R_a an der Rohraußenseite, dem Wärmeleitwiderstand durch die Rohrwand R_w und dem konvektiven Wärmewiderstand R_i an der Innenfläche des Rohres. Eine andere Schreibweise mit Wärmeübergangskoeffizienten bzw. dem Wärmedurchgangskoeffizienten U und Bezug auf die Fläche A führt zur äquivalenten Schreibweise

$$\frac{1}{UA} = \frac{1}{\pi L}\left(\frac{1}{\alpha_i d_i} + \frac{ln(d_{aw}/d_i)}{2\lambda_w} + \frac{1}{\alpha_a d_a}\right) \qquad (2.45)$$

bzw.

$$\frac{1}{U_a} = \frac{1}{\alpha_i}\frac{d_a}{d_i} + \frac{1}{\alpha_a} + \frac{d_a}{2\lambda_w}ln\left(\frac{d_{aw}}{d_i}\right) \qquad (2.46)$$

bei Bezug auf die Rohraußenseite. Hierbei ist d_i der Innendurchmesser, d_a der Außendurchmesser und d_{aw} der Wurzeldurchmesser eines angenommenen Rippenrohres, welcher bei glatten Rohren dem Außendurchmesser d_a entspricht. Demnach ist eine Oberflächenvergrößerung durch Berippung oder alternative Strukturen im äußeren Wärmeübergangskoeffizienten α_a enthalten. Auf diese Weise wird die Wärmeleitung nur durch den massiven Teil der Rohrwand und die Verbesserung des äußeren Wärmeübergangs durch die Strukturierung der Rohroberfläche erfasst.

Eine Energiebilanz des Wassers am Ein- und Austritt des Rohres ergibt den Wärmestrom

$$\dot{Q} = \dot{m}_{was}\,c_{p,was}\left(T_{was,ein} - T_{was,aus}\right), \qquad (2.47)$$

der idealerweise äquivalent zur übertragenen Verdampfungs- oder Kondensationsleistung

$$\dot{Q} = \dot{Q}_a = \alpha_a A_a \left(T_{w,a} - T_s\right) \qquad (2.48)$$

ist.

Die mittlere logarithmische Temperaturdifferenz zwischen dem Wasser und dem Dampf bei Sättigungstemperatur kann mit

$$\Delta T = \frac{(T_s - T_{was,ein}) - (T_s - T_{was,aus})}{ln\left(\frac{T_s - T_{was,ein}}{T_s - T_{was,aus}}\right)} \qquad (2.49)$$

gebildet werden. Diese führt mithilfe des Wärmedurchgangskoeffizienten U_a aus Gl. 2.46 zu folgendem alternativen Ausdruck für den Wärmestrom

$$\dot{Q}_a = U_a A_a \Delta T. \qquad (2.50)$$

Mit der Bestimmung von $\dot{Q}_a$ aus Messungen der Ein- und Austrittstemperatur sowie des Massenstroms des Wassers kann über Gl. 2.50 der Wärmedurchgangskoeffizient U_a bestimmt werden. Die Geometrieparameter des Rohres werden als bekannt vorausgesetzt. Durch Ermittlung des inneren Wärmeübergangskoeffizienten lässt sich nun durch Anwendung von Gl. 2.46 auf den äußeren schließen.

Für geringe Änderungen der Kühlwassertemperatur beobachtete Wilson [94] eine Abhängigkeit des inneren Wärmeübergangskoeffizienten von der Durchflussgeschwindigkeit des Wassers:

$$\alpha_i \propto u_{was}^{0,82}. \tag{2.51}$$

Die Grundidee von Wilson war nun den Gesamtwiderstand R_{ges} über dem Kehrwert von $u_{was}^{0,82}$ aufzutragen. Eine lineare Regression der aufgezeichneten Messpunkte führt zu eine Geraden, dessen y-Achsenabschnitt den Gesamtwiderstand bei unendlicher hoher Strömungsgeschwindigkeit des Wassers wiedergibt. In diesem Fall nimmt der innere Wärmeübergangskoeffizient unendlich große Werte an. Der verbleibende Widerstand setzt sich nur noch aus dem Wärmeleitwiderstand R_w und dem Kondensationswiderstand R_a zusammen. Durch Kenntnis von R_w konnte R_a bzw. α_a bestimmt werden. Wilson machte jedoch die fehlerhafte Annahme, dass der Kondensationswiderstand R_a für variierende Strömungsgeschwindigkeiten u_{was} konstant bleibt. Um dies zu erreichen hätten jedoch die Sättigungsbedingungen aufwendig angepasst werden müssen. Im Folgenden wird daher eine gebräuchliche modifizierte Wilson-Plot-Methode von Briggs und Young [11] vorgestellt. Zudem wird die Anpassung der Sättigungsbedingungen umgangen und eine alternative Vorgehensweise angewendet.

2.4.1 Bestimmung des inneren Wärmeübergangskoeffizienten

Ursprünglich wurde mit der modifizierten Wilson-Plot-Methode ein Korrekturfaktor für die Sieder-Tate-Korrelation [40], die zur Bestimmung des inneren Wärmeübergangskoeffizienten α_i verwendet wird, bestimmt. Die von Gnielinski [26] gegebene Beziehung

$$Nu_{gni} = \frac{\alpha_{gni} d_i}{\lambda_w} = \frac{(\zeta/8)(Re - 1.000)Pr}{1 + 12,7\sqrt{\zeta/8}(Pr^{2/3} - 1)} \left[1 + \left(\frac{d_i}{l}\right)^{2/3}\right] \tag{2.52}$$

für Strömungen im Übergangsbereich und für den turbulenten Bereich aus Abs. 2.3 weist jedoch einen größeren Gültigkeitsbereich ($2.300 \leq Re \leq 10^6$) auf und wird daher bevorzugt verwendet. Die Angabe des Widerstandsbeiwertes ζ besitzt nur für glatte Rohrinnenflächen Gültigkeit. Webb [90] beobachtet für eine Auswahl berippter Innenflächen stark erhöhte Widerstandsbeiwerte und gibt hierzu eigene Korrelation an. Untersuchungen von Rohren mit strukturierter oder berippter Innenfläche sind in naher Zukunft nicht nur am behandelten Versuchsstand denkbar, sondern auch für industrielle Anwendungen sinnvoll, um den positiven Effekt des gesteigerten äußeren Wärmeübergangs durch einen guten inneren Wärmeübergang geltend zu machen. Der Widerstandbeiwert ζ, welcher von Konakov [50] angegeben wird, kann trotz beschränkter Gültigkeit Anwendung finden, da die Beeinflussung des Wärmeübergangs durch geometrische Abweichungen von einer glatten Innenfläche durch den Korrekturfaktor C_i berücksichtigt wird. Durch diesen werden zudem alle weiteren den Wärmeübergang beeinflussende Maßnahmen erfasst. Es folgt somit für den inneren Wärmeübergangskoeffizienten

$$\alpha_i = C_i \alpha_{gni}. \qquad (2.53)$$

2.4.2 Bestimmung des äußeren Wärmeübergangskoeffizienten

Bei der Bestimmung des äußeren Wärmeübergangskoeffizienten α_a wird oftmals Nußelt's Wasserhauttheorie für horizontale Rohre angewendet. Für strukturierte Rohroberflächen ergeben sich jedoch nach Rose [74] bedeutende Abweichungen, da die Oberflächenspannungen des Kondensats den Wärmeübergang bedeutend beeinflusst. Zudem fällt bei überschlägigen Berechnungen des Wärmeübergangs an glatten Rohren auf, dass selbst für moderate Reynolds-Zahlen des Kühlwassers deutlichere höhere Wärmeübergangkoeffizienten α_i auf der Innenseite des Rohres auftreten als auf der Außenseite durch Kondensation. Variiert man nun den Kühlwassermassenstrom $\dot{m}_{was}$, beeinflusst dies den Wärmedurchgang nur wenig und führt zu größeren Ungenauigkeiten bei der Bestimmung des inneren Wärmeübergangs.

Alternativ lässt sich der modifizierte Wilson-Plot mittels Blasensieden auf der Außenseite durchführen, wie bereits Gstöhl [34], Roques [73], Olivier et al. [68] und Liebenberg [56] gezeigt haben. Der äußere Wärmeübergang ist in diesem Fall auch für glatte Rohre deutlich größer und durch folgende Proportionalität anzugeben:

$$\alpha_a \propto \dot{q}^n \qquad (2.54)$$

Bei Variation des Kühlwassermassenstroms $\dot{m}_{was}$ dominiert nun der innere Wärmeübergang und es folgt eine stärkere Ausprägung der Steigung im Wilson-Plot. In der Literatur lassen sich für den Exponenten n oftmals Wertangaben im Bereich

$0,6 < n < 0,8$ finden [42]. Aus Abs. 2.1 ist bekannt, dass der Exponent beim Blasensieden vom reduzierten Siededruck abhängt und diesen Bereich über- oder unterschreiten kann. Zunächst wird $n = 0,7$ für eine erste Bestimmung des äußeren Wärmeübergangs angenommen. Aus 2.54 folgt mit der Einführung der Konstanten C_a:

$$\alpha_a = C_a \dot{q}_a^{0,7}. \tag{2.55}$$

2.4.3 Bestimmung des Wärmedurchgangs

Durch Substitution von Gl.2.53 und Gl.2.55 in Gl.2.46 ergibt sich der Zusammenhang

$$\left(\frac{1}{U_a} - \frac{d_a}{2\lambda_w} ln\left(\frac{d_{aw}}{d_i} \right) \right) \dot{q}_a^{0,7} = \frac{1}{C_i} \left(\frac{\dot{q}_a^{0,7}}{\alpha_{gni}} \right) \left(\frac{d_a}{d_i} \right) + \frac{1}{C_o}, \tag{2.56}$$

welcher von linearer Form ist und zu

$$Y = \frac{1}{C_i} X + \frac{1}{C_a} \tag{2.57}$$

vereinfacht werden kann. Wird nun der Massenstrom bzw. die Geschwindigkeit des Wassers variiert, lassen sich Werte für die Variablen X und Y für den gewünschten Betriebsbereich ermitteln. Dabei ist eine konstante Wärmestromdichte $\dot{q}_a$ Grundlage für die präzise Bestimmung des inneren und äußeren Wärmeübergangskoeffizienten. Daher muss bei Änderung der Strömungsgeschwindigkeit des Wassers u_{was} eine Anpassung der Wassertemperatur am Eintritt $T_{was,ein}$ erfolgen. Mit den ermittelten Messpunkten von X und Y lässt sich anschließend eine lineare Regression, wie in Abb. 2.18 ersichtlich, zur Bestimmung von $1/C_i$ durchführen.

Abb. 2.18 zeigt die Ausführung des Wilson-Plots mit beispielhaften Messungen und der Steigung der Regressionsgeraden. Der Kehrwert der Steigung entspricht dem Korrekturfaktor C_i, mit dem der innere Wärmeübergang nach Gl. 2.53 ermittelt werden kann.

Das aufgeführte Verfahren zur Bestimmung des inneren Wärmeübergangskoeffizienten α_i basiert auf der Annahme eines Exponenten $n = 0,7$. Da dieser Wert mit geringer Wahrscheinlichkeit den Wärmeübergang beim vorliegenden Blasensieden wiedergibt, ist die Abhängigkeit des äußeren Wärmeübergangskoeffizienten α_a auf die Bestimmung des inneren im Rahmen des modifizierten Wilson-Plots zu

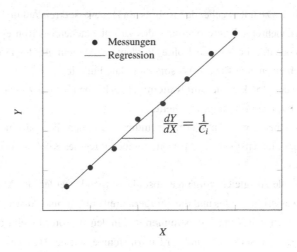

Abb. 2.18: Beispielhafter Wilson-Plot mit gekennzeichneter Steigung

überprüfen. Gstöhl [34] schlägt hierzu eine Proberechnung mit einem experimentell ermittelten und stark abweichenden Wert $n = 0,4$ von Roques [73] für Glattrohre vor. Eine erneute Berechnung von C_i ergibt äußerst kleine Abweichungen vom ursprünglichen Wert und suggeriert eine vernachlässigbare Abhängigkeit des inneren Wärmeübergangskoeffizienten vom äußeren. Um diese Unabhängigkeit auch für strukturierte Rohroberflächen zu bestätigen, bestimmt Gstöhl [34] zunächst die Exponenten für die Auswahl seiner Rohre durch Umstellung von Gl. 2.56 iterativ mit $0,29 < n < 0,49$. Anschließend ermittelt er für jede Iteration den Faktor C_i neu und stellt dabei ebenfalls vernachlässigbare Abweichungen fest. Die modifizierte Wilson-Plot-Methode kann somit zur Bestimmung des inneren Wärmeübergangs für beliebige Rohroberflächen durchgeführt werden, ohne den Exponenten n exakt zu kennen. Weiter wird gezeigt, dass für eine exakte Bestimmung von C_i eine ausreichende Anzahl an Messungen zu bevorzugen ist, da zum Teil Abweichungen bis zu 10% vom Mittelwert auftreten können. Eine Abhängigkeit von der Wärmestromdichte $\dot{q}_a$ oder der Sättigungstemperatur T_s wurde zudem nicht beobachtet.

Das Vorgehen zur Bestimmung des inneren und äußeren Wärmeübergangskoeffizienten gemäß dem oben beschriebenen Verfahren ist für den Versuchsstand, der in dieser Arbeit behandelt wird, wie folgt gegliedert:

1. Anschluss des zu untersuchenden Rohres am Heizwasserkreislauf und Anschluss eines oder mehrerer Rohre oberhalb des zu untersuchenden Rohres am Kühlwasserkreislauf. Alle übrigen Rohre werden zur Abdichtung des Druckraumes montiert, bleiben aber für den Wilson-Plot ohne Funktion.

2. Befüllung des Druckraumes mit Kältemittel bis knapp über das zu untersuchende Rohr, welches der Verdampfung dient.

3. Einstellen einer gewählten Wärmestromdichte und den Sättigungsbedingungen mithilfe der Massenströme und Eintrittstemperaturen des Kühl- und Heizwasserkreislaufes.

4. Nachdem alle Ausgleichsvorgänge abschlossen sind, werden der Massenstrom des Heizwasserkreislaufes und die Temperaturen am Ein- und Austritt gemessen. Hieraus lassen sich X und Y bestimmen und in den Wilson-Plot eintragen.

5. Variieren des Massenstroms und der Eintrittstemperatur des Heizwasserkreislaufes unter der Voraussetzung, dass die Wärmestromdichte konstant bleibt. Es stellen sich neue Werte für X und Y ein, die nach Abklingen der Ausgleichsvorgänge aufgenommen und in den Wilson-Plot eingetragen werden können.

6. Wiederholung des Schrittes 5 für ausreichend viele Messpunkte im gesamten Bereich des zu erwartenden Betriebs.

7. Aus den gewonnenen Werten von X und Y lässt sich eine lineare Regression mit kleinsten Fehlerquadraten erstellten. Aus dem Kehrwert der Steigung dieser Gerade lässt sich der Korrekturfaktor C_i und mit Gl. 2.56 der innere Wärmeübergang ermitteln. Aus Gl. 2.50 lässt sich der mittlere Wärmedurchgang bestimmen und mit Gl. 2.45 auf den äußeren Wärmeübergangskoeffizienten schließen.

8. Zur Absicherung und Bestätigung der von Gstöhl [34] beobachteten Unabhängigkeiten des inneren Wärmeübergangs von der Wärmestromdichte und der Sättigungstemperatur sollten die Messungen wiederholt für abweichende Bedingung durchgeführt werden.

Kapitel 3
Versuchsstand

In dem vorliegenden Kapitel wird der Versuchsstand, der im Rahmen dieser Arbeit ausgelegt, konstruiert und aufgebaut wurde, beschrieben. Zu Beginn wird das thermodynamische Auslegungsverfahren vorgestellt, auf dessen Grundlage alle weiteren Auslegungsschritte basieren. Hierzu werden Einschränkungen genannt, die als Rahmenbedingungen in den Auslegungsprozess mit einfließen. Darauf folgt die Beschreibung der konstruktiven Umsetzung des Versuchsaufbaus und der limitierenden Faktoren einzelner Komponenten. Es schließt sich eine Erläuterung der Inbetriebnahme und der Regelungsmöglichkeit des Versuchsstandes an. Abschließend werden acht Rohre mit unterschiedlichen Oberflächenstrukturierungen vorgestellt, die nach Feststellung der Betriebsfähigkeit des Versuchsstandes auf ihre Leistungsfähigkeit bei der Kondensation und Verdampfung hin untersucht werden sollen.

3.1 Thermodynamisches Auslegungsverfahren

Für die thermodynamische Auslegung des Versuchsstandes gelten diverse Randbedingungen. Der Aufgabenstellung ist zu entnehmen, dass sich die Untersuchung von Wärmeübergangskoeffizienten bei der Kondensation und der Verdampfung auf strukturierte Einzelrohre mit horizontaler Ausrichtung beschränken. Die Kondensation und Verdampfung der Kältemittel R134a und Hexan sollen hierbei in einem Drucksystem ohne zusätzliche Pumpen oder Verdichter im Naturumlauf realisiert werden. Es ergeben sich je nach untersuchtem Prozess zwei Betriebsbereiche, die sich durch unterschiedliche Sättigungstemperaturen und -drücke kennzeichnen und sich in herkömmlichen kälte- und klimatechischen Anlagen mit 30±5°C für

Kondensationszwecke und $10\pm5°C$ für Verdampfungszwecke beziffern lassen. Bei der Ermittlung der globalen Wärmeübergangskoeffizienten sind konvektive Effekte durch Dampf- oder Flüssigkeitsströmungen nicht erwünscht und daher konstruktiv auf ein Minimum zu beschränken.

Basierend auf den genannten Vorgaben wurde ein thermisches Auslegungsschema entwickelt, dessen Grundprinzip die getrennte Betrachtung der Kondensation und Verdampfung ist. Die Kopplung beider Prozesse findet anschließend durch eine iterative Korrektur der Sättigungsparameter statt, bis ein Gleichgewichtszustand erreicht wird. Um ausreichende Leistungsreserven in Bezug auf die Beheizung und Kühlung sicherzustellen, wird die thermodynamische Auslegung zunächst mit vergleichsweise leistungsschwachen Glattrohren aus Kupfer durchgeführt. Anhand eines Fließbildes in Abb. 3.1 wird das Auslegungsprinzip verdeutlicht.

Zunächst sind die Durchflussmenge und die Eintrittstemperatur des Kühl- bzw. Heizmediums sinnvoll festzulegen. Es ergeben sich nach Gl. 2.32, Gl.2.40 und Gl.2.41 die Wärmeübergangskoeffizienten im Inneren der Kondensations- und Verdampferrohre. Für die Stoffdaten der Kühl- und Heizmedien wird im ersten Iterationsschritt eine mittlere Mediumstemperatur angenommen, die sich in nachfolgenden Iterationen durch eine sich einstellende Temperaturdifferenz ergibt.

Auf Seiten der Kondensation wird für die Berechnung des äußeren Wärmeübergangs nach Abs. 2.2.3 ein Startwert für den Kondensatmassenstrom geschätzt. Mithilfe einer zuvor gewählten Rohrlänge ergeben sich hieraus die Reynolds-Zahl des Kondensats und die Nusselt-Zahl. Die Stoffdaten des Kältemittels werden zunächst anhand einer geschätzten Sättigungstemperatur bestimmt.

Verdampfungsseitig wird der äußere Wärmeübergangskoeffizient durch Anwendung experimenteller Werte aus Abs. 2.1.4 und der Korrektur der Heizflächen- und Betriebsparameter ermittelt. Der für die Korrektur benötigte Sättigungsdruck ergibt sich aus der zuvor geschätzten Sättigungstemperatur. Für die verdampfungsseitige Wärmstromdichte kann im ersten Iterationsschritt ebenfalls eine Schätzung vorgenommen werden.

Aus den inneren und äußeren Wärmeübergangskoeffizienten und bekannten Rohrparametern lässt sich der Wärmedurchgangskoeffizient nach Gl. 2.45 bestimmen. Der Wärmeleitwiderstand der Rohrwand ist hierbei für Kupferrohre, die üblicherweise in kälte- und klimatechnischen Anlagen zum Einsatz kommen, oftmals vernachlässigbar. Über die ermittelten Wärmedurchgangskoeffizienten, der zuvor gewählten Rohrlänge und -anzahl sowie der Temperaturdifferenz zwischen Kühl-

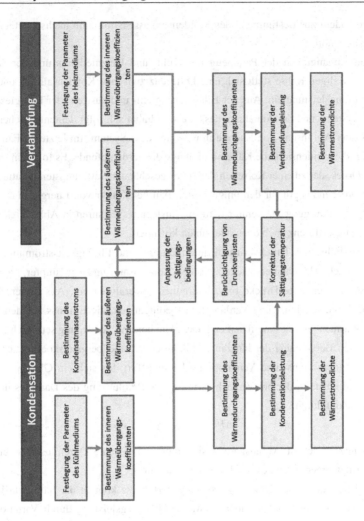

Abb. 3.1: Iteratives Auslegungsverfahren für den Versuchsstand

bzw. Heizmedium und der Sättigungstemperatur des Kältemittels lässt sich mit Gl. 2.50 auf die Kondensations- bzw. Verdampfungsleistung schließen. Analog erhält man die Wärmestromdichte an den Rohren und die Temperaturdifferenz des Kühl- und Heizmediums von Eintritt zu Austritt über Gl. 2.47. Die Kondensationsleistung

wird zudem zur Bestimmung des Kondensatmassenstroms im nächsten Iterationsschritt benötigt.

In Abhängigkeit der Parameter des Kühl- und Heizmediums und der Anzahl
der jeweiligen Rohre stellt sich eine Differenz zwischen Kondensations- und Verdampfungsleistung ein. Aus der Bilanzierung ein- und austretender Energieströme
des Systems und der Annahme, dass dieses adiabat sei, folgt dementsprechend die
Zu- oder Abführung von Energie in bzw. aus dem System. Im letzteren Fall übersteigt die kondensierende Kältemittelmenge die verdampfende. Es folgt ein sinken-
der Druck, der zu einer Korrektur der zuvor geschätzten Sättigungstemperatur führt.
Entsprechendes gilt für den umgekehrten Fall bei Zufuhr von Energie in das System. Die Sättigungstemperatur wird im Auslegungsverfahren in Abhängigkeit der
Leistungsdifferenz nach oben oder unten korrigiert.

Als Folge von Druckverlusten durch Dampf- und Flüssigkeitsströmungen und
geodätische Höhenunterschiede zwischen Kondensator und Verdampfer, liegen für
diese differenzierte Drücke bzw. Sättigungstemperaturen vor. Aus diesen folgen
neue Kondensations- und Verdampfungsbedingungen, die Einfluss auf den äußeren Wärmeübergangskoeffizienten haben. Die iterative Auslegung setzt sich mit der
erneuten Berechnung der inneren und äußeren Wärmeübergangskoeffizienten und
der Kondensations- und Verdampfungsleistung fort, bis sich ein Gleichgewichtszustand einstellt, der bei Vernachlässigung der Reibleistung des Dampfes und der
Flüssigkeit durch

$$\Delta P = P_{verd} - P_{kond} = 0 \tag{3.1}$$

gekennzeichnet ist. Vorausgesetzt sind hierbei konstante Durchflussmengen und
Eintrittstemperaturen des Kühl- und Heizmediums.

Mittels des beschriebenen Auslegungsverfahrens können die Sättigungsbedingungen und die Kondensations- bzw. Verdampfungsleistung durch Variation der
Durchflussmenge und Eintrittstemperaturen des Kühl- und Heizmediums simuliert
werden. Begrenzt sind diese durch die maximalen Förderleistungen der verwendeten Pumpen, eine in Hinblick auf Materialverträglichkeiten gewählte Temperatu-
robergrenze für das Heizmedium und eine minimale Kühlmediumstemperatur, die
durch Rückkühlung erzielt werden kann.

Im Rahmen dieser Arbeit wurde das beschriebene Auslegungsverfahren mittels
MATLAB-Software in einer grafischen Benutzeroberfläche implementiert, um unterschiedliche Betriebspunkte zu simulieren. Neben der Variation der Parmter von

Kühl- und Heizmedium sind unter anderem Rohranzahl, -länge und -durchmesser möglich. Zudem wurde die Berechnung der Druckverluste in Abhängigkeit der Strömungsgeschwindigkeiten, Stoffdaten und Geometrien der durchströmten Leitungen implementiert. Dieser Programmteil ist im Wesentlichen für die Dimensionierung der in Abs. 3.2 beschriebenen Verbindungsleitungen zwischen Verdampfer und Kondensator verantwortlich. Eine Erweiterungsmöglichkeit dieses Programms durch ermittelte Korrelationen für die Kondensation oder Verdampfung von untersuchten Rohren wurde vorgesehen. Zudem sind abgeleitete Beziehungen für den inneren Wärmeübergang bei Verwendung von innenberippten Rohren möglich.

3.2 Konstruktive Ausführung

3.2.1 Überblick

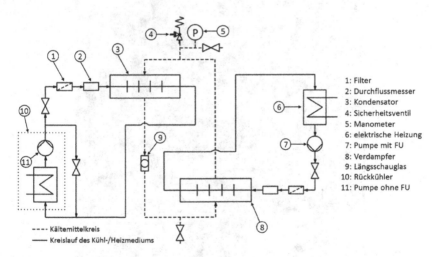

Abb. 3.2: Gesamtschema des Versuchsaufbaus

In Abb. 3.3 ist der Versuchsaufbau dargestellt, der das Kältemittelsystem sowie die Kreisläufe des Kühl- und Heizmediums umfasst. Der Versuchaufbau befindet sich in Kondensationskonfiguration, in der sich die Untersuchungen des Wärmeübergangs auf die Kondensation an einem strukturierten Rohr im oberen Druckbehäl-

ter (Kondensator) beschränken. Zur Bereitstellung einer ausreichend hohen Dampfmenge werden in dieser Konfiguration vier glatte oder strukturierte Rohre im unteren Druckbehälter (Verdampfer) installiert. In der Verdampfungskonfiguration wird
hingegen ein Rohr, welches Gegenstand der Untersuchungen sein soll, im Verdampfer verbaut. Zur Kondensation der entstehenden Dampfmenge werden analog vier
Rohre im Kondensator verwendet. Die beiden Behälter sind über zwei Rohrleitungen verbunden, in denen der Kältemitteldampf nach oben und das Kondensat nach
unten strömen kann. Durch indirekte Beheizung der Rohre im Verdampfer mithilfe des Heizmediums (Wasser) und Kühlung des Rohres im Kondensator durch das
Kühlmedium (Wasser oder Wasser-Ethylenglykol-Gemisch), stellt sich ein natürli-
cher Kreislauf des verwendeten Kältemittels ein.

Abb. 3.3: Gesamtaufnahme des ungedämmten Versuchsstandes mit Messrechner im Vordergrund
und Rückkühler sowie Heizung im Hintergrund

3.2.2 Kreisläufe des Kühl- und Heizmediums

Die Aufgabe des Kühl- und Heizkreislaufes besteht in der Zu- bzw. Abführung von Energie in bzw. aus dem Kältemittelkreislauf, um die Kondensation und Verdampfung in den Druckbehältern herbeizuführen. Im Regelfall handelt es sich sowohl bei dem Kühl- als auch dem Heizmedium um Wasser. Für Untersuchungen verdampfungsseitiger Wärmeübergangskoeffizienten bei tiefen Sättigungstemperaturen kann die Notwendigkeit bestehen Temperaturen des Kühlmediums nahe dem Gefrierpunkt von Wasser zur Verfügung zu stellen. Um ein Einfrieren des Kühlmediums zu vermeiden, kann bei Bedarf die Zugabe von Ethylenglykol den Gefrierpunkt herabsetzen. Nachteilig wirken sich jedoch die steigende Viskosität und eine sinkende Wärmekapazität sowie -leitung aus.

Kühlmedium

Das Kühlmedium initiiert durch eine Temperatur unterhalb der Sättigungstemperatur des Kältemittels die Kondensation im Druckbehälter und nimmt die Kondensationsleistung auf. Hierdurch erwärmt sich das Kühlmedium und wird durch einen Rückkühler zurück auf die gewünschte Eintrittstemperatur gekühlt. Die maximale Kühlleistung des Rückkühlers ist abhängig von der Austrittstemperatur des Kühlmediums und beträgt für 4°C bis zu 15 kW. Die im Rückkühler integrierte Pumpe weist eine angegebene Förderleistung von 52 l/min auf, die in Testdurchläufen unter versuchsnahen Bedingungen mit über 60 l/min übertroffen wurde und ausreichend hohe Wärmeübergangskoeffizienten im Inneren des Kondensationsrohres ermöglicht. Die Regulierung der Förderleistung wird durch einen Bypass realisiert.

Heizmedium

Die Temperatur des Heizmediums liegt oberhalb der Sättigungsbedingungen und löst beim Durchströmen der Verdampferrohre Blasensieden aus. Das Heizmedium wird durch Abgabe der Verdampfungsleistung abgekühlt und anschließend mittels einer elektrischen Heizung erneut erwärmt. Die Leistung dieser Heizung beträgt maximal 28,5 kW und lässt sich durch eine Temperaturüberwachung regeln. Mit einer separaten Umwälzpumpe und einem integrierten Frequenzumformer lässt sich der

Volumenstrom des Heizmedium nahezu stufenlos bis zu einer maximalen Förderleistung von 33,3 l/min einstellen. Im Inneren der in Reihe geschalteten Verdampferrohre wird somit ebenfalls ein ausreichender Wärmeübergangskoeffizient erzielt. Für geringe Volumenströme wird zusätzlich ein Drosselventil verwendet, um eine konstante Durchflussmenge sicherzustellen.

3.2.3 Kreislauf des Kältemittels

Für die Untersuchungen von Wärmeübergangskoeffizienten an strukturierten Rohroberflächen werden die Kältemittel R134a und Hexan verwendet. Zur Erzielung einer hohne Materialbeständigkeit sind die kältemittelberührten Bauteile mit Ausnahme der zu untersuchenden Rohre in Edelstahl ausgeführt. Als Dichtungsmaterialien werden Polytetrafluorethylen (PTFE), Klingersil C-4400 und hydrierter Acrylnitril-Butadien-Kautschuk (HNBR) verwendet, die eine gute Beständigkeit gegenüber den genannten Kältemitteln aufweisen.

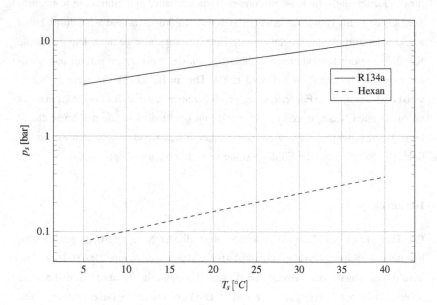

Abb. 3.4: Dampfdruckkurven für R134a und Hexan [55]

Aus den üblicherweise verwendeten Kondensations- und Verdampfungstemperaturen von 35±5°C bzw. 10±5°C folgen die in Abb. 3.4 aufgezeigten Druckbereiche, die für die konstruktive Ausführung des Drucksystems berücksichtigt wurden. Es wird ersichtlich, dass der Betrieb des Versuchsstandes sowohl für Grobvakuum als auch für höhere Drücke vorzusehen ist. Für eine wirtschaftliche Fertigung der Druckbehälter, Rohrleitungen und Zusatzkomponenten wird ein Maximaldruck von 11 bar absolut und eine maximale Temperatur von 40°C zugrunde gelegt.

Zur Reduzierung von Wärmeverlusten an die Umgebung bzw. der Wärmeaufnahme bei Betriebstemperatuen unterhalb der Umgebungstemperatur wird eine Dämmung der Edelstahlkonstruktion vorgenommen. Die Dämmdicken betragen zwischen 19 mm und 32 mm und verhindern damit zudem größere Fehler bei der Temperaturmessung durch Wärmeableitung.

Verdampfer und Dampfleitung

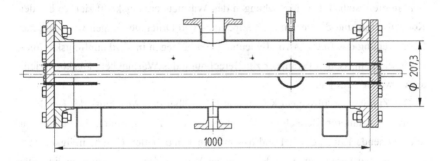

Abb. 3.5: Längsschnitt durch den Verdampfer

Der Verdampfer besteht aus einem zylindrischen Rohrstück mit Vorschweißflanschen und weist einen Innendurchmesser von 207,3 mm sowie eine Länge von 1000 mm auf. Den Wärmeübergangskoeffizienten beeinflussende Randeffekte können somit auf ein Minimum reduziert werden. Der Verdampfer wird auf beiden Seiten durch Blindflansche verschlossen, die jeweils vier Stufenbohrungen aufweisen, durch welche die Verdampferrohre zur Erzeugung von Kältemitteldampf aus dem Druckraum geführt werden. Eine Abdichtung der Rohre erfolgt über Dichtungsflansche, die die auf einem Dichtungssitz montierten O-Ringe stauchen und die Ringspalte zwischen Blindflanschen und Rohren auf diese Weise verschließen. Die Verdampferrohre sind in einer horizontalen Ebene angeordnet und weisen einen Abstand von Rohrmitte zu Rohrmitte von 50 mm auf.

Über die Länge des Druckbehälters sind äquidistant verteilte Schutzrohre als Temperaturmessstellen vorgesehen. An den Blindflanschen sind jeweils ein Schutzrohr 30 mm unter- bzw. oberhalb der Verdampferrohre angebracht. Zwei Schutzrohre in der Mitte des Druckbehälters weisen einen vertikalen Abstand von 50 mm zu den Rohren auf, um eine ausreichende Distanz zum Füllstand des Kältemittels zu erreichen. Letzterer wird knapp oberhalb der Verdampferrohre gewählt. Die Länge der Schutzrohre innerhalb des Drucksystems beträgt mindestens 90 mm bei einem Außendurchmesser von 6 mm und einem Innendurchmesser von 4 mm. Der Temperaturmessfehler durch Wärmeableitung wurde durch ein mathematisches Modell von Blumröder [7] geprüft und für einen überwiegenden Anteil des Betriebsbereiches für vernachlässigbar befunden. Für den Betrieb bei kleinen Leistungen ist unter Umständen der Fehler durch Wärmeableitung experimentell zu überprüfen.

Eine Druckmessung findet über einen Manometeranschluss im oberen Teil des Verdampfers statt. Für Untersuchungen des Wärmeübergangskoeffizienten bei der Kondensation sind die genannten Temperatur- und Druckmessungen vorrangig zur Überwachung des Betriebs von Bedeutung. Wohingegen in Verdampfungskonfiguration die gemessenen Parameter zur Berechnung des Wärmeübergangskoeffizienten verwendet werden.

Der Zufluss von flüssigem Kältemittel findet über den Anschluss der Kondensatleitung im unteren Bereich des Verdampfers statt. Die Strömung ist auf das zu untersuchende Rohr gerichtet und tritt mit einer maximalen Geschwindigkeit von ca. 0,1 m/s bei Verwendung von R134a in der Verdampfungskonfiguration ein. Eine Beeinflussung des Wärmeübergangs beim Verdampfen ist daher nicht zu erwarten. Für die Kondensationskonfiguration ist ein potentieller Effekt unerheblich, da in diesem Fall lediglich eine ausreichende Menge an Kältemitteldampf bereitgestellt werden soll.

Der infolge des Blasensieden entstandene Dampf gelangt über den Anschluss der Dampfleitung im oberen Teil des Verdampfers zum Kondensator. Der maximale Umlaufmassenstrom für R134a und Hexan beträgt bei 15 kW Kondensations- bzw. Verdampfungsleistung 0,090 kg/s bzw. 0,042 kg/s. Obwohl der Massenstrom von R134a deutlich größere Werte annimmt, liegen die höchsten Dampfgeschwindigkeiten bei Verwendung von Hexan vor. Da diese im Wesentlichen für die Entstehung von Druckverlusten verantwortlich sind, erfolgt die Dimensionierung der Dampfleitung anhand des maximalen Massenstroms von Hexan, der bei Verdampferkonfiguration zu Dampfgeschwindigkeiten von bis zu 35 m/s führen kann. Die Ursache hierfür ist in den niedrigen Sättigunsdrücken zu suchen, die hohe Volumenströme verursachen.

Am höchstens Punkt der Dampfleitung ist ein Anschluss zur Evakuierung des Drucksystems vorgesehen, der im Betrieb durch einen Kugelhahn verschlossen werden kann. Durch ein Manometer ist der gegenwärtige Druck direkt ablesbar. Ein Sicherheitsventil bläst das Kältemittel im Fall von unzulässig hohen Drücken kontrolliert ab. Zur Messung der Überhitzung des Kältemitteldampfes erfolgt eine Temperaturmessung vor dem Eintritt in den Kondensator.

Kondensator und Kondensatleitung

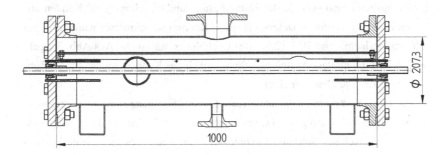

Abb. 3.6: Längsschnitt durch den Kondensator

Der Kondensator ist im Wesentlichen eine baugleiche Ausführung des Verdampfers. Er unterscheidet sich durch die Installation eines Einzelrohres, welches in Kondensationskonfiguration Gegenstand der Untersuchungen ist. Die zentral angeordneten Schutzrohre sind 30 mm anstatt 50 mm oberhalb des Kondensationsrohres positioniert, um die Temperatur des Kältemitteldampfes möglichst nah am Rohr messen zu können, ohne jedoch die Zuströmung des Dampfes zum Rohr bedeutend zu stören. Der Drucksensor wird nicht im oberen Bereich des Kondensators, sondern unterhalb eines Lochbleches montiert. Dieses stellt die bedeutendste Änderung gegenüber dem Verdampfer dar und wird zusätzlich implementiert, um die Strömung aus der Dampfleitung zu homogenisieren.

Aus dem vorangegangenen Abschnitt ist bekannt, dass für bestimmte Betriebspunkte sehr hohe Dampfgeschwindigkeiten auftreten können. Nach Abs. 2.2.3 steigt der Wärmeübergang bei der Filmkondensation am Rohr mit wachsender Dampfgeschwindigkeit bedingt durch Dampfscherkräfte. Bei Kondensationskonfiguration und ohne Lochblech beträgt die maximale Austrittsgeschwindigkeit des Hexandampfes aus der Dampfleitung bzw. die Anströmgeschwindigkeit des Rohres ca. 12,5 m/s. Dies würde zum Abblasen des Kondensatfilms auf dem zu untersuchenden Rohr führen, den Wärmeübergangskoeffizienten lokal erhöhen und die Messung verfälschen. Die Aufgabe des Lochbleches ist demnach die Verzögerung der Dampfströmung durch eine möglichst homogene Verteilung.

Um ein geeignetes Lochblech zu bestimmen, wurde eine numerische Simulation der Geschwindigkeitsverteilung des Hexandampfes im Kondensator mit der Software ANSYS CFX durchgeführt. Als Randbedingungen wurde die maximale Strömungsgeschwindigkeit in der Dampfleitung und eine homogene Kondensation am Rohr angenommen. Unterschiedliche Bohrungsdurchmesser wurden für ein Öffnungsverhältnis von 10,5-12,5% des Lochblechs untersucht. Aus Abb. 3.7 geht hervor, dass die mittlere Anströmgeschwindigkeit des Kondensationsrohres für abnehmende Lochdurchmesser sinkt.

Um einen Kompromiss zwischen realistischem Fertigungsaufwand und ausreichender Homogenisierung der Dampfströmung zu schließen, wird im Kondensator ein Lochblech mit Bohrungsdurchmessern von 3 mm verwendet. Eine Darstellung des Strömungsbildes des Hexandampfes und dessen Geschwindigkeitsverteilung ober- und unterhalb eines Lochbleches mit einem Bohrungsdurchmesser von 3 mm ist in Abb. 3.8a verdeutlicht. Der Maximalwert der Farblegende wurde in Abb. 3.8b bewusst mit 2 m/s festgelegt, da dieser im Schrifttum als Grenzwert für eine geringe Beeinflussung des Wärmeübergangskoeffizienten gilt [34]. Es kann festgestellt werden, dass die Strömungsgeschwindigkeit des Hexandampfes nach Durchströmung des Lochbleches deutlich unterhalb dieses Wertes liegt und im Mittel Anströmgeschwindigkeiten des Rohres von ca. 0,6 m/s verursacht.

Für beispielhafte Temperaturdifferenzen von 5-30 K zwischen der Rohrwand und dem Kältemitteldampf bei Sättigungstemperatur ergeben sich gemäß Abs. 2.2 $\frac{Pr_F}{FrPh} \geq 15$ und $G \geq 1$. Die Beeinflussung des Wärmeübergangs bei der Kondensation kann somit nach Abb. 2.15 als sehr gering bezeichnet werden.

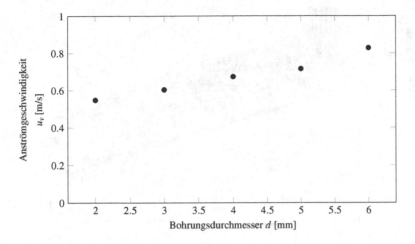

Abb. 3.7: Mittlere Anströmgeschwindigkeit des Kondensationrohres in Abhängigkeit der Bohrungsdurchmesser des Lochbleches

Die Höhendifferenz zwischen Verdampfer und Kondensator wird anhand der maximal zu erwartenden Druckverluste im Kältemittelkreislauf bemessen. Diese treten bei Verdampf- ungskonfiguration mit Hexan auf und belaufen sich nach Idelchik [39] auf

$$\Delta p_{Verl} = \frac{\rho_v u_v^2}{2} \sum \zeta_i + \frac{\rho_l u_l^2}{2} \sum \zeta_i \approx 400\,Pa. \tag{3.2}$$

Hierbei ist $\sum \zeta_i$ die Summe der Druckverlustbeiwerte durch Querschnittsänderungen, Rohrbögen und Reibung in den Rohren. Der Druckverlust durch das Lochblech wird in Gl. 3.2 nicht berücksichtigt, da dieses in der Verdampfungskonfiguration nicht verwendet wird.

Als Folge des Gesamtdruckverlustes tritt die Ausbildung einer Kältemittelsäule bzw. einer Hexansäule in der Kondensatleitung von

$$h_{HS} = \frac{\Delta p_{Verl}}{\rho_l g} \approx 0,06\,m \tag{3.3}$$

auf. Um die Betriebssicherheit des Versuchsstandes zu sichern und einen potentiellen Anstieg der Kältemittelsäule bis hin zum Kondensator zu vermeiden, wird mit einer Höhendifferenz von $\Delta h = 1,5\,m$ ein Aufstauen des Kältemittels um 0,6 m toleriert. Dieser Wert resultiert aus einer in der Kondensatleitung installierten Apparatur

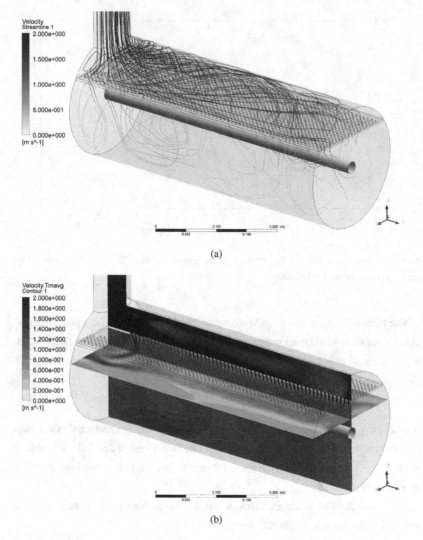

Abb. 3.8: Ausbildung der Strömung im Halbmodell des Kondensators bei maximaler Strömungsgeschwindigkeit des Hexandampfes

zur Messung des Volumenstroms, welche bei vollumfänglicher Nutzungsmöglich-
keit maximal den genannten Wert zulässt.

Gemäß des thermodynamischen Auslegungsverfahrens bilden sich abweichende
Sättigungsbedingungen durch unterschiedliche Drücke im Verdampfer und Konden-

sator aus. Die Druckdifferenz ergibt sich aus den Druckverlusten der Dampfströmung und dem Füllstand der flüssigen Phase oberhalb des Verdampferrohres sowie
der dampfförmigen Phase zu

$$\Delta p = \frac{\rho_v u_v^2}{2} \sum \zeta_i + g(\rho_l h_{FS} + \rho_v (\Delta h - h_{FS})). \qquad (3.4)$$

Bei Verwendung von Hexan in Verdampferkonfiguration sind die Auswirkungen
aufgrund geringer Absolutdrücke am stärksten, bleiben jedoch für die Untersuchungen ohne Bedeutung.

3.3 Rohre

Abb. 3.9: Gesamtaufnahme der Rohre C1-4 (oben) und B1-4 (Mitte) eines Kooperationspartners
und eines Glattrohres (unten)

Zur Minimierung von Randeffekten beträgt die Länge der strukturierten Rohre innerhalb des Kondensators und Verdampfers 1000 mm. Der Außendurchmesser variiert gemäß Tab. 3.1 zwischen 19,47 mm und 19,7 mm. Das Fertigungsverfahren
der Rohroberflächen, wie sie in Abb. 3.10a bis 3.10h zu sehen sind, erfordert eine Ein- bzw. Auslauflänge der Werkzeuge und reduziert die Länge mit vollständig
ausgebildeter Strukturierung auf 940 mm. Um nur diese effektive Länge an der Wärmeübertragung teilnehmen zu lassen, werden die unvollständigen Strukturen nahe
der Blindflansche mit Hülsen aus PTFE abgedeckt.

Zur Untersuchung stehen jeweils vier Rohre mit unterschiedlichen Oberflächen-strukturierungen für Verdampfungs- (B1-4) und Kondensationszwecke (C1-4) eines Kooperationspartners zur Verfügung. Zudem sind diese Rohre im Inneren mit unter-schiedlichen spiralförmigen Berippungen ausgeführt, die große Ähnlichkeit zu den von Webb [90] untersuchten Rohren aufweisen. Es sind daher Wärmeübergangs-koeffizienten nach Gl. 2.42 zu erwarten. Der Gültigkeitsbereich dieser Korrelation beschränkt sich jedoch auf $20.000 \leq Re \leq 80.000$.

Tabelle 3.1: Rohrparamter der Rohre B1-4 und C1-4 für Kondensation und Verdampfung

Rohrbezeichnung	B1	B2	B3	B4	C1	C2	C3	C4	glatt
Rippendichte (fpi)	50	50	50	47	47	47	47	43	-
äußere Rippenhöhe h (mm)	0,6	0,6	0,67	0,6	0,88	0,88	0,79	0,88	-
Nebenrippendichte (fpi)	400	360	400	400	3600	400	360	360	-
Außendurchmesser d_a (mm)	19,65	19,65	19,7	19,63	19,5	19,48	19,47	19,47	20,0
Wanddicke (mm)	0,7	0,7	0,66	0,7	0,67	0,68	0,77	0,68	1,0
innere Rippenhöhe e (mm)	0,39	0,39	0,4	0,36	0,41	0,41	0,36	0,4	-
innere Rippenanzahl N_S	34	34	34	34	45	45	45	45	-
innerer Rippenwinkel φ (°)	48	48	48	48	40	40	40	40	-

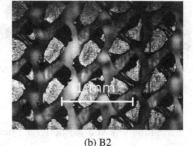

(a) B1   (b) B2

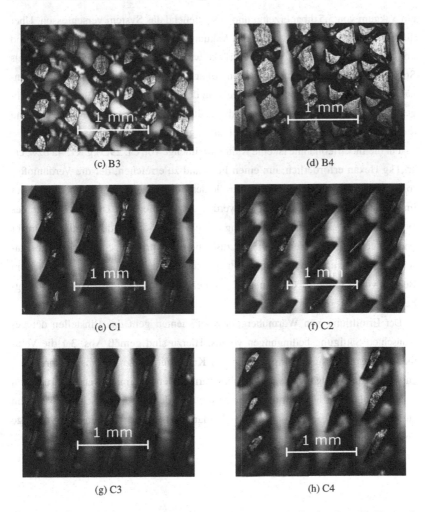

(c) B3

(d) B4

(e) C1

(f) C2

(g) C3

(h) C4

Abb. 3.10: Mikroskopaufnahmen der strukturierten Oberflächen von Kupferrohren des Kooperationspartners

3.4 Inbetriebnahme und Regelung

Die Dichtigkeit des Drucksystems für den Kältemittelkreislauf wurde durch Erzeugung eines Unter- und Überdrucks überprüft. Für die Unterdruckprüfung wurde ein Vakuum von 5,5 mbar erzeugt und anschließend das System verschlossen. Über die folgenden 12 Stunden konnte das Vakuum im Inneren des Systems annähernd konstant gehalten werden. Für Überdrücke wurde die Dichtigkeit zunächst mittels Stickstoff durchgeführt. Ein Druck von 10 bar konnte über 12 Stunden ebenfalls annähernd gehalten werden. Zur Vorbereitung des Versuchsstandes für Untersuchungen wurde in einem zweiten Schritt das Kältemittelsystem mit R134a befüllt und die Dichtigkeit mithilfe eines Kältemittelsuchgerätes nachgewiesen.

Für die Inbetriebnahme ist eine Kältemittelmenge von ca. 29,5 kg R134a bzw. ca. 15,1 kg Hexan erforderlich, um einen Füllstand zu erreichen, der die Verdampferrohre um 20 mm übersteigt. Zur Kontrolle des Füllstandes können die Schaugläser im Verdampfer zu Hilfe genommen werden. Im Rahmen von Untersuchungen des Wärmeübergangs bei der Verdampfung ist der Füllstand über dem Verdampferrohr von Bedeutung, da dieser durch den zusätzlichen hydrostatischen Druck die Blasenbildung beeinflusst. Die Schwankungen des Füllstandes lassen sich jedoch im Bereich von 5°C bis 15°C auf max. 2 mm beziffern und können als vernachlässigbar eingestuft werden.

Der Ermittlung von Wärmübergangskoeffizienten geht das Einstellen der gewünschten Sättigungsbedingungen voraus. Hierzu sind gemäß Abs. 3.1 die Volumenströme und Eintrittstemperaturen des Kühl- und Heizmediums entsprechend zu wählen und Ausgleichsvorgänge abzuwarten. Der maximale Betriebsdruck von 11 bar absolut darf hierbei nicht überschritten werden. Über die Schaugläser kann zusätzlich eine optische Kontrolle der Verdampfungs- und Kondensationvorgänge vorgenommen werden.

Kapitel 4

Messtechnik

4.1 Datenerfassung

Die Erfassung der Messdaten erfolgt über einen Messrechner mit GPIB-Schnittstelle, über die das Multimeter/Switch System Model 2750 von Keithley Instruments Inc. angeschlossen ist. Mit diesem Multimeter ist sowohl die Messung von Gleich- oder Wechselspannungen und -strömen, der Frequenz eines Eingangssignales und des Widerstandes mit 2- oder 4-Leitertechnik am Front oder Rear Panel möglich [47]. Zur automatisierten Datenerfassung wird das Rear Panel in Verbindung mit Modulkarten des Typs 7708 verwendet. Das Multimeter kann mit max. 5 dieser Karten bestückt werden, die jeweils über 40 Messkanäle verfügen. Zur Messung von Widerständen mit 4-Leitertechnik werden jeweils 2 Messkanäle benötigt. Das Multimeter wird über ein LabVIEW-Programm ferngesteuert, über welches auch Messeinstellungen vorgenommen werden können. Die Messdauer für jeden Kanal kann dabei variiert werden, um Störeinflüsse durch Messwertrauschen zu kompensieren. Die Erfassung aller 24 Messwerte erfolgt seriell durch automatisches Umschalten der Kanäle.

In Verbindung mit der verwendeten Messtechnik sind Gleichstromsignale bis 20 mA auszuwerten. Die Messung von Strömen mit der Modulkarte 7708 ist jedoch nicht möglich, sodass alternativ die Messung des Spannungsabfalles über Präzisionswiderstände des Typs 1152 der burster GmbH mit 500 Ω erfolgt, die eine Fehlertoleranz von $\pm 0,01\%$ aufweisen [13]. Infolge des fließenden Stromes wird eine Erwärmung des Widerstandes verursacht, die zur Änderung des Widerstandsverhaltens führen kann. Der Einfluss der Temperatur auf die Widerstände wird vom

Hersteller mit

$$R_T = R_0(1 + 1,22 \cdot 10^{-5}T - 2,12 \cdot 10^{-7}T^2 + 9,44 \cdot 10^{-10}T^3) \qquad (4.1)$$

angegeben und verdeutlicht bereits eine äußerst geringe Abhängigkeit. T ist hierbei die Widerstandstemperatur in Grad Celsius und R_0 der Widerstandswert bei 0°C. Die Höchsttemperatur der Widerstände lässt sich anhand des Wärmewiderstandes von 60 K/W und durch die maximale Leistungsaufnahme

$$P_{max} = U_{max}I_{max} = R I_{max}^2 = 500\Omega \, (0,02A)^2 = 0,2W \qquad (4.2)$$

zu 35°C bestimmen, wenn eine Umgebungstemperatur von 23°C angenommen wird. Untersuchungen der Widerstände bei Temperaturen von 20°C bis 45°C mit dem Multimeter/Switch System haben eine maximale Abweichung von 0,015 % bezogen auf 500 Ω ergeben, sodass der Einfluss der Temperatur auf den Widerstand als vernachlässigbar bezeichnet werden kann.

4.2 Drucksensoren

Für Druckmessungen stehen zwei Präzisionsdrucksensoren P3290 der tecsis GmbH mit einer Klassengenauigkeit von 0,1% zur Verfügung. Sie funktionieren nach dem piezoresistiven Effekt und weisen einen vom Absolutdruck abhängigen Widerstand eines Halbleiters auf. Bei Spannungsversorgung der Drucksensoren mit 9-30 V fließt in Abhängigkeit des Widerstandes, der durch den wirkenden Absolutdruck beeinflusst wird, ein Strom von 4-20 mA, der mittels der Präzisionswiderstände als Messsignal ausgewertet werden kann. Der Messbereich des absoluten Druckes liegt bei 0-16 bar. Mithilfe einer aktiven Temperaturkompensation in einem Bereich von 10° bis 60°C ergibt sich eine Fehlergrenze von max. 1.600 Pa [84]. Durch Nachweise des Herstellers ist bekannt, dass die Messgenauigkeit beider Sensoren zum Auslieferungszeitpunkt bei 0,027% (432 Pa) für den gesamten Messbereich bzw. 0,015% (240 Pa) bei Drücken über 8 bar liegt. Aufgrund der hohen Genauigkeit und der Aktualität der Nachweise, wird auf eine erneute Kalibrierung der Drucksensoren verzichtet.

4.3 Temperaturmessung

Für die Messung der Temperaturen am Versuchsstand werden 20 industrielle Pt100-Mantelwiderstandsthermometer der Klasse A von der RÖSSEL-Messtechnik GmbH verwendet, die einen Durchmesser von 3 mm und eine Mantellänge von 370 mm aufweisen. Die Ausführung in 4-Leitertechnik ermöglicht die Kompensation von fehlerhaften Einflüssen der Umgebungstemperatur auf die Anschlussleitungen, sodass allein der Platin-Widerstand in der Spitze des Sensors ausgewertet werden kann. Für eine präzise Wiedergabe der Temperatur, ist die Bestimmung der Kennlinien jedes Pt100-Widerstandsthermometers durch eine Kalibrierung durchzuführen. Diese findet durch das Vergleichsverfahren mithilfe von zwei Pt25-Kalibriernormalen statt, die zuletzt im April 2013 durch die Physikalisch Technische Bundesanstalt (PTB) im Temperaturbereich -40°C bis +420°C kalibriert wurden [69] [70]. Die Kennlinien der Kalibiriernormale sind durch Angabe der Koeffizienten der Abweichungsfunktion von der Internationalen Temperaturskala von 1990 (ITS-90) bekannt.

Für die Temperierung der Widerstandsthermometer sowie der Kalibriernormale wird der Multifunktionskalibrator Oceanus-6 Model 580 von Isothermal Technology Limited zur Temperierung eingesetzt. Der Kalibrator ist für Temperaturbereiche von 45°C unterhalb der Umgebungstemperatur bis 140°C geeignet und kann mit einem Metallblock oder Flüssigkeitsbad verwendet werden [41]. Im Rahmen der Kalibrierung der Widerstandsthermometer wurde ein Aluminiumblock mit einem Durchmesser von 52 mm und einer Länge von 300 mm mit sechs gleichverteilten 8 mm Bohrungen eingesetzt, die eine Tiefe von 250 mm aufweisen. Eine Bohrung wird mit einem Kalibriernormal bestückt und die fünf verbleibenden Bohrungen jeweils mit vier Widerstandsthermometern. Eine Isolierung der aus dem Aluminiumblock herausragenden Teile verhindert zusätzliche Fehler durch Wärmeableitung.

Eine hochgenaue Messung der Widerstände der Kalibriernomale erfolgt durch die Präzisionstemperaturmessbrücke mircoK 70 der Isothermal Technology Limited. Sie verfügt über 3 Messkanäle mit Vierleitertechnik und einer grafischen Bedieneinheit. Die Messbrücke eignet sich für industrielle und Standard-Platin-Widerstandsthermometer (IPRT bzw. SPRT), Thermistoren sowie Thermoelemente.

Der Kalibrierbereich erstreckt sich von -10°C bis 60°C. Zunächst wurde auf -20°C abgekühlt und beginnend bei -10°C in Intervallen von 10 K aufwärts bis 60°C kalibriert. Anschließend wurde von 55°C ebenfalls in Intervallen von 10 K bis -5°C abwärts kalibriert, um Hystere-Effekte zu berücksichtigen und zu mitteln.

Zu Beginn jeder Messung eines Kalibrierpunktes erfolgt die gewünschte Temperierung des Normals und der Widerstandsthermometer im Block des Multifunktionskalibrators. Nach Abklingen aller Ausgleichsvorgänge, die nach ca. 50 bis 70 min. abgeschlossen waren, wurden die Widerstände des Normals und der Widerstandsthermometer zeitgleich durch die Präzisionstemperaturmessbrücke und das Multimeter/Switch System über einen Zeitraum von einigen Minuten aufgenommen.

Die Bestimmung der Kennlinien für die Widerstandsthermometer erfolgt durch die Ermittlung der Temperatur des Kalibriernormals an jedem Kalibrierpunkt. Hierzu wird zunächst der Widerstand des Kalibriernormals am Kalibrierpunkt in Relation zum Widerstand am Wassertripelpunkt bei 0,01°C gesetzt. Man erhält das Widerstandsverhältnis

$$W(T_{Kal}) = \frac{R(T_{Kal})}{R(T_{WTP})}. \tag{4.3}$$

Über die im Kalibrierschein angegebenen Koeffizienten a und b der Abweichungsfunktion des Kalibirernormals wird die Abweichung des Widerstandsverhältnisses

$$\Delta W(T_{Kal}) = a[W(T_{Kal}) - 1] + b[W(T_{Kal}) - 1]^2 \tag{4.4}$$

am Kalibrierpunkt bestimmt. Es folgt für das korrigierte Widerstandsverhältnis

$$W_{korr}(T_{Kal}) = W(T_{Kal}) - \Delta W(T_{Kal}). \tag{4.5}$$

Die Berechnung der Temperatur des Kalibriernormals wird für $T_{Kal} < T_{WTP}$ mit

$$\frac{T_{Kal}}{273,16K} = B_0 + \sum_{i=1}^{15} B_i \left[\frac{W_{korr}(T_{Kal})^{1/6} - 0,65}{0,35} \right]^i \tag{4.6}$$

bzw. für $T_{Kal} \geq T_{WTP}$ mit

$$T_{kal} - 273,15K = D_0 + \sum_{i=1}^{9} D_i \left[\frac{W_{korr}(T_{Kal}) - 2,64}{1,64} \right]^i \tag{4.7}$$

durchgeführt [6]. Die ermittelten Temperaturen sind nun möglichst mit den Kennlinien der Widerstandsthermometer in Übereinstimmung zu bringen, die als Polynom 2. Ordnung

$$R_i = R_{0,i}(1 + A_i T_{Pt100,i} + B_i T_{Pt100,i}^2) \tag{4.8}$$

gemäß der Deutschen Akkreditierungsstelle [19] beschrieben werden können. Für
die Auswertung der Temperaturen in Abhängigkeit des Widerstandes bietet sich
zwecks Implementierung in der LabVIEW-Auswertungssoftware der alternative Zusammenhang

$$T_{Pt100,i} = a_i + b_i R_{Pt100,i} + c_i R^2_{Pt100,i} \qquad (4.9)$$

an. Die Koeffizienten a_i, b_i und c_i sind durch Minimierung der Fehlerquadratsumme
zu lösen und sind in Tab. A.1 aufgeführt. Der Fehler wird hierbei als Differenz zwischen den ermittelten Temperaturen des Kalibriernormals und der durch die Kennlinie bestimmten Temperaturen des Widerstandsthermometers am Kalibrierpunkt definiert. Die maximale Abweichung der Temperatur zwischen den Kennlinien der
Widerstandsthermometer und des Kalibriernormals beträgt 0,012 K.

4.4 Durchflussmessung

4.4.1 Wasserkreisläufe

Die Messung der Volumenströme des Heiz- und des Kühlwassers erfolgt durch zwei
Turbinen-Durchflussmesser des Typs HM11 bzw. HM9 der KEM Küppers Elektro-
mechanik GmbH, die zuletzt im September 2012 bzw. Dezember 2011 durch den
Hersteller kalibriert wurden. Der Messbereich ist mit 6 - 60 l/min bzw. 3,3 - 33 l/min
angegeben. Bei Durchströmung wird ein Turbinenrad in Drehung versetzt. Die
Drehzahl ist hierbei proportional zur mittleren Strömungsgeschwindigkeit und wird
über einen Frequenzaufnehmer erfasst. Zunächst liegt hierdurch ein alternierendes
Spannungssignal vor, das durch Verstärkung und Umformung in eine Rechteckspan-
nung bzw. Impulse umgewandelt wird. Zur Bestimmung der Durchflussmenge wird
der K-Faktor verwendet, der die Impulse pro Liter angibt und mithilfe einer Kalibrierung ermittelt wird. Über eine Auswerteelektronik wird in Abhängigkeit des
Impulssignals und des K-Faktors der Volumenstrom

$$\dot{V} = \frac{60 f}{K} \qquad (4.10)$$

bestimmt und ein Augangssignal von 4-20 mA erzeugt. Zu Referenzzwecken wird
der Massenstrom über das Coriolis-Massedurchflussmessgerät OPTIMASS 6400C

S15 direkt bestimmt. Dessen Messgenauigkeit beträgt für den genutzten Messbereich 0,1%. [51].

Während des Versuchsbetriebs sind Temperaturen des Kühlmediums nahe oder unter 0°C möglich, sodass alternativ zu reinem Wasser ein Wasser-Ethlyenglykol-Gemisch zur Verwendung vorgesehen werden muss. Die Viskosität des Mediums wird zum einen durch Temperaturunterschiede und zum anderen durch Zugabe des Glykols signifikant beeinflusst und hat damit auch Abweichungen des K-Faktors zur Folge. Zur Berücksichtigung dieses Zusammenhanges wird die *Universal Viscosity Curve* angewendet, die eine Messung unterschiedlich viskoser Flüssigkeiten zulässt [87]. Hierzu werden bei der Kalibrierung der Turbinen-Durchflussmesser unterschiedliche Viskositäten infolge der Temperaturänderung und Zusammensetzung des Mediums hervorgerufen und der K-Faktor für zehn äquidistant verteilte Messpunkte im Messbereich der Turbine aufgenommen. Ein Auftragen des K-Faktors über dem Quotienten aus der Frequenz f und der kinematischen Viskosität v des Mediums verhilft zur Bestimmung einer Regressionsgleichung K_{reg}. Diese geht wie die aufgenommenen Messwerte aus Abb. 4.1 und 4.2 sowie Tab. A.6 hervor. Nach Trigas [87] sind die Messpunkte idealerweise auf einer einzigen Kurve wiederzufinden, welche den K-Faktor für unterschiedliche Frequenzen und Viskositäten beschreibt. Eine gute Übereinstimmung kann für die Turbine des Typs HM9 festgestellt werden. Die Kalibrierung der Turbine HM11 ergibt ähnlich geartete Kurvenverläufe, die jedoch vergleichsweise große Ordinatenabschnitte aufweisen. Ursache hierfür können zum einen geringe Abweichungen im Rahmen der Reproduzierbarkeit sein, wie durch mehrfache Messungen bei 20°C ersichtlich wird. Zum anderen ist die Bestimmung der Stoffwerte des Wasser-Ethylenglykol-Gemisches trotz sorgfältiger Gemischbildung fehlerbehaftet und kann somit zu Abweichungen bei der Bestimmung der kinematischen Viskosität und der Dichte des Gemisches führen. Mithilfe der bestimmten Regressionsgleichungen ist die Ermittlung des K-Faktors beider Turbinen innerhalb einer Fehlergrenze von ±1% möglich.

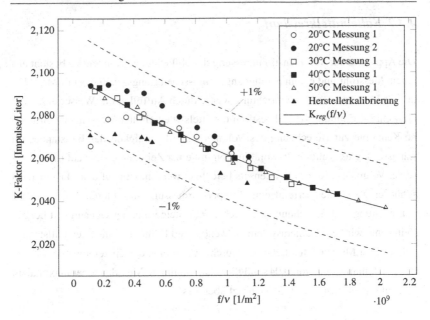

Abb. 4.1: K-Faktoren der Turbine HM9 unter Berücksichtigung des Viskositätseinflusses

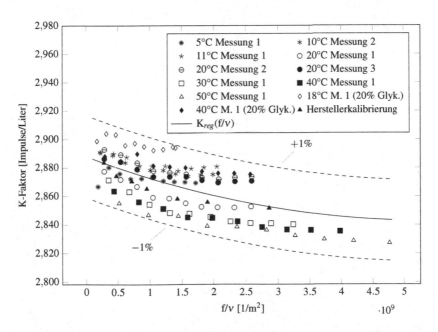

Abb. 4.2: K-Faktoren der Turbine H11 unter Berücksichtigung des Viskositätseinflusses

4.4.2 Kältemittelkreislauf

Die Apparatur zur Volumenstrommessung des abfließenden Kondensats besteht aus einem Messrohr und einem parallel angeschlossenen Längsschauglas mit Messskala. Das Volumen der Messeinrichtung wurde durch Auffüllen mit Wasser und einer Gewichtsbestimmung zu 2,5 l bestimmt. Mittels wiederholter Messungen wurde eine Kennlinie zur Berechnung des Volumens in Abhängigkeit des Füllstandes im Längsschauglas ermittelt. In Kombination mit einer Zeitnahme kann auf diese Weise der Volumenstrom des Kondensats berechnet werden. Um auf den Massenstrom schließen zu können, erfolgt eine Temperaturmessung im unteren Teil der Kondensatleitung und Berechnung der Dichte. Zur Steigerung der Genauigkeit bei der Zeitnahme wird ein Kamerasystem verwendet und Filmaufnahmen des Füllstandes während der Messung durchgeführt. Durch Auswertung der Einzelbilder des Filmes ist eine Zeitauflösung von 0,04 s möglich. Die minimale Messdauer bei maximalem Umlaufmassenstrom für R134a beträgt über 30 s.

Kapitel 5

Schlussfolgerungen und Ausblick

Das Ziel der vorliegenden Arbeit war die Auslegung und Konstruktion eines Versuchsstandes zur Untersuchung der Wärmeübergangskoeffizienten an glatten sowie strukturierten Rohroberflächen bei der Kondensation und Verdampfung.

Entsprechend dieser Aufgabe wurde ein thermodynamisches Auslegungsverfahren entwickelt, welches zur Simulation von Betriebszuständen verwendet wurde und als Grundlage für die konstruktive Umsetzung des Versuchsstandes diente. Die Dimensionierung des Versuchsstandes erfolgte anhand der maximalen Verdampfungs- bzw. Kondensationsleistung von 15 kW. Um entsprechende Reserven für Kältemittel vorzusehen, die von R134a und Hexan abweichen, wurden die leistungsbeschränkenden Komponenten, wie Kondensat- und Dampfleitung, überdimensioniert. Alle kältemittelberührten Bauteile sind in Edelstahl ausgeführt, um eine hohe Materialverträglichkeit zu erzielen. Somit ist die Kompatibilität auch mit zukünftigen Kältemitteln sichergestellt. Ein maximales Absolutdruckniveau von 11 bar ist für die überwiegende Mehrheit der herkömmlichen Kältemittel ausreichend, um bei Kondensationstemperaturen von 30±5°C Untersuchungen durchführen zu können. Bei der Konstruktion des Versuchsstandes wurde eine stoffschlüssige Abdichtung der Rohre zur Umgebung vermieden und die Wiederverwendbarkeit sowie die Anwendung weiterer Rohre ermöglicht. Eine eingehende Dichtigkeitsprüfung bei Vakuum und Überdruck sowie ein Drucktest und die Funktionsprüfung des Sicherheitsventils wurden zur Vorbereitung des Versuchsbetriebs durchgeführt. Zudem ist eine Kalibrierung der Turbinen-Durchflussmesser und Widerstandsthermometer vorgenommen worden, um die äußeren Wärmeübergangskoeffizienten möglichst genau messen zu können. Wiederkehrende Kalibrierung sind zur Aufrechterhaltung der Messgenauigkeit in regelmäßigen Abständen zu empfehlen, da das Driftverhalten der Widerstandsthermometer und das Verschmutzungsverhalten der Turbinen-Durchflussmesser nicht bekannt sind.

Für den zeitnahen Versuchsbetrieb sind für die zu untersuchenden Rohre die inneren Wärmeübergangskoeffizienten durch die modifizierte Wilson-Plot-Methode vorzunehmen. Im Anschluss ist eine Validierung durch Messungen der äußeren Wärmeübergangskoeffizienten an Glattrohren und dem Vergleich mit Messwerten aus dem Schriftentum bzw. bekannten Korrelationen (Abs. 2.1 und 2.2) durchzuführen. Hieraus sind Rückschlüsse auf die Güte der Messgenauigkeit des Versuchsstandes möglich.

Für zukünftige Untersuchungen sind diverse Erweiterungen des Versuchsstandes denkbar. Die Montage der zu untersuchenden Rohre in Blindflanschen ermöglicht die Untersuchung der Wärmeübergangskoeffizienten bei der Kondensation an Rohrreihen, indem die Blindflansche, die 4 Bohrungen aufweisen, um 90° verdreht werden. Analog kann zudem der Einfluss konvektiver Strömungen durch Aufsteigen von Blasen entlang der Verdampferrohre untersucht werden. Die bereits erwähnten Schaugläser im Verdampfer und Kondensator ermöglichen hierbei eine optische Analyse. Für die gezielte Überschwemmung eines Kondensationsrohres mit Kondensat besteht die Möglichkeit eine zusätzliche Kondensatleitung zu implementieren, in der Kondensat aus dem Verdampfer in den Kondensator gefördert wird, um dort das zu untersuchende Rohr zu überschwemmen.

Untersuchungen von Rohren mit bedeutend abweichenden Außendurchmessern sind ebenfalls möglich. Hierzu ist eine Nachbearbeitung der Blindflansche und die Fertigung angepasster Dichtungsflansche erforderlich oder eine alternative Konstruktion denkbar.

Gegenstand dieser Arbeit ist unter Anderem die Untersuchung von Wärmeübergangskoeffizienten bei der Kondensation für annähernd ruhenden Dampf zu ermöglichen. Für zukünftige Projekte ist im Kondensator ein düsenförmiges Bauteil unterhalb des Lochbleches denkbar, um gezielt hohe Dampfgeschwindigkeiten am Kondensationsrohr zu realisieren und dessen Einfluss zu ermitteln.

Der Aufbau, wie er in Abs. 3.2 beschrieben wird, sieht die Bestimmung des globalen Wärmeübergangskoeffizienten vor. In bestimmten Fällen können jedoch auch lokale Werte von Interesse sein. Hierfür ist die Einbringung von zusätzlichen Temperaturmessstellen im untersuchten Rohr entlang des Strömungspfades erforderlich, durch die der Verlauf der Mediumstemperatur ermittelt werden könnte und ähnlich zu Abs. 2.4 auf lokale Wärmeübergangskoeffizienten geschlossen werden kann.

Literaturverzeichnis

1. Adamek, T. A. Bestimmung der Kondensationsgrößen auf feingewellten Oberflächen zur Auslegung optimaler Wandprofile. *Wärme- und Stoffübertragung*, 15:255–270, 1981.

2. Baehr, H. D. und Stephan, K. *Wärme- und Stoffübertragung*. Springer Berlin Heidelberg, 4. Auflage, 2004.

3. Bankoff, S. G. Entrapement of gas in the spreading of liquid over a rough surface. *AIChE Journal*, 4(1):24–26, 1958.

4. Beatty, K. O. und Katz, D. L. Condensation of vapors on outside of finned tubes. *Chemical Engineering Progress*, 44(1):55–70, 1948.

5. Belghazi, M. et al. Filmwise condensation of a pure fluid and a binary mixture in a bundle of enhanced surface tubes . *International Journal of Thermal Sciences*, 41(7):631–638, 2002.

6. Bernhard, F. *Technische Temperaturmessung*. VDI-Buch. Springer, 2004.

7. Blumröder, G. *Beitrag zur Beschreibung und Ermittlung des statischen thermischen Fehlerverhaltens industrieller Berührungsthermometer*. Technische Hochschule Ilmenau, 1982.

8. Borishanski, V. M. Correlation of the Effect of Pressure on the Critical Heat Flux and Heat Transfer Rates Using the Theory of Thermodynamic Similarity. In *Problems of Heat Transfer and Hydraulics of Two-Phase Media*. Pergamon Press, 16-37, 1969.

9. Brauer, H. *Strömung und Wärmeübergang bei Rieselfilmen*. VDI-Verlag, 1956.

10. Braun, R. *Wärmeübergang beim Blasensieden an der Außenseite von geschmirgelten und sandgestrahlten Rohren aus Kupfer, Messing und Edelstahl*. PhD thesis, Technische Hochschule Karlsruhe, 1992.

11. Briggs, D. E. und Young, E. H. Modified Wilson plot techniques for obtaining heat transfer correlations for shell and tube heat exchangers. *Chemical Engineering Progress Symposium Series*, 65(92):35–45, 1969.

12. Börner, H. *Über den Wärme- und Stoffaustausch an umspülten Einzelkörpern bei Überlagerung von freier und erzwungener Strömung*. Studentenwerk, 1964.

13. burster. *Datenblatt Präzisions- und Hochpräzisions-Widerstände*. burster präzisionsmesstechnik gmbh & co kg, Talstr. 1-5 DE-76593 Gernsbach, 2012.

14. Caplanis, S. *Blasensieden an Hochleistungsrohren*. PhD thesis, Universität Paderborn, 1997.

15. Chen, M. M. An Analytical Study of Laminar Film Condensation: Part 1 - Flat Plates. *Journal of Heat Transfer*, 83(1):48–54, 1961.

16. Chen, T. Water-Heated Pool Boiling of Different Refrigerants on the Outside Surface of a Horizontal Smooth Tube. *Journal of Heat Transfer*, 134(2):021502 1–8, 2011.

17. Cooper, M. G. Heat Flow Rates in Saturated Nucleate Pool Boiling - A Wide Range of Examination Using Reduced Properties. *Advances in Heat Transfer*, 16:157–239, 1984.

18. Corty, C. und Foust, A.S. Surface variables in nucleate boiling. *Chemical Engineering Progress Symposium Series*, 51(17):1–12, 1955.

19. Deutsche Akkreditierungsstelle. *DAkkS-DKD-R 5-6 Bestimmung v. Thermometerkennl.*, 2010.

20. Dukler, H. E. und Bergelin, O. P. Characteristics of flow in falling liquid films. *Chemical Engineering Progress*, 48:557–563, 1952.

21. Fath, W. *Wärmeübergangsm an Glatt- und Rippenrohren in einer Standardapparatur für Siedeversuche*. PhD thesis, Universität Paderborn, 1986.

22. Fath, W. und Gorenflo, D. Zum Einsatz vom Rippenrohr in überfluteten Verdampfern bei hohen Siededrücken. *Deutscher Kälte- und Klimatechnischer Verein*, 13:315–332, 1986.

23. Filonenko, G. K. Hydraulischer Widerstand yon Rohrleitungen. *Teploenergetika*, 1(4):40–44, 1954.

24. Forster, H. K. und Zuber, N. Dynamics of Vapor Bubbles and Boiling Heat Transfer. *AIChE Journal*, 1(4):531–539, 1955.

25. Fujii, T. et al. Heat transfer and flow resistance in condensation of low pressure steam flowing through tube banks. *International Journal of Heat and Mass Transfer*, 15(2):247–260, 1972.

26. Gnielinski, V. Neue Gleichungen für den Wärme- und den Stoffübergang in turbulent durchströmten Rohren und Kanälen. *Forschung im Ingenieurwesen A*, 41(1):8–16, 1975.

27. Gnielinski, V. Ein neues Berechnungsverfahren für die Wärmeübertragung im Übergangsbereich zwischen laminarer und turbulenter Rohrströmung. *Forschung im Ingenieurwesen*, 61(9):240–248, 1995.

28. Gnielinski, V. Wärmeübertragung bei der Strömung durch Rohre. In *VDI-Wärmeatlas*, VDI Buch: 555-563. Springer Berlin Heidelberg, 2006.

29. Gorenflo, D. Behältersieden (Sieden bei freier Konvektion). In *VDI-Wärmeatlas*, VDI Buch: 618-645. Springer Berlin Heidelberg, 2006.

30. Gorenflo, D. und Fath, W. Pool boiling heat transfer on the outside of finned tubes at saturation pressures. *Proceedings of the 17th International Congress of Refrigeration*, B:955–960, 1987.

31. Gregorig, R. Hautkondensation an feingewellten Oberflächen bei Berücksichtigung der Oberflächenspannungen. *Zeitschrift für angewandte Mathematik und Physik ZAMP*, 5(1):36–49, 1954.

32. Griffith, P. und Wallis, J. D. The role of surface conditions in nucleate boiling. *Chemical Engineering Progress Symposium Series*, 56(49):49–63, 1960.

33. Grimley, L. S. Liquid flow conditions in packed towers. *Transactions of the Institute of Chemical Engineers*, 23:228–235, 1945.

34. Gstöhl, D. *Heat Transfer and Flow Visualization of Falling Film Condensation on Tube Arrays with Plain and Enhanced Surfaces*. PhD thesis, École Polytechnique Fédérale de Lausanne, 2004.

35. Hausen, H. Darstellung des Wärmeübergangs in Rohren durch verallgemeinerte Potenzbeziehungen. *VDI-Beiheft Verfahrenstechnik*, 4:91–98, 1943.

36. Honda, H. et al. . Augmentation of Condensation on Horizontal Finned Tubes by Attaching a Porous Drainage Plate. *Proceedings of the ASME-JSME Thermal Engineering Joint Conference*, 3:289–296, 1983.

37. Honda, H. und Nozu, S. A prediction method for heat transfer during film condensation on horizontal low integral-fin tubes. *Journal of Heat Transfer*, 109(1):218–225, 1987.

38. Honda, H. und Nozu, S. A generalized prediction method for heat transfer during film condensation on a horizontal low-finned tube. *JSME International Journal, Series II*, 31(4):709–717, 1988.

39. I.E. Idelchik, O. Steinberg, G.R. Malâvskaâ, and O.G. Martynenko. *Handbook of Hydraulic Resistance*. Jaico Publishing House, 2008.

40. Incropera, F.P. und DeWitt, D.P. *Fundamentals of heat transfer*. Wiley & Sons, 5., 2002.

41. Isotech North America. *OCEANUS-6 SERIES MODEL 580*. 158 Brentwood Drive, Unit 4 Colchester, VT 05446, 2005.

42. Jakob, M. und Linke, W. Der Wärmeübergang von einer waagerechten Platte an siedendes Wasser. *Forschung auf dem Gebiet des Ingenieurwesens A*, 4(2):75–81, 1933.

43. Jones, B.J. et al. The Influence of Surface Roughness on Nucleate Pool Boiling Heat Transfer. *Journal of Heat Transfer*, 131(12):121009 1–14, 2009.

44. Karkhu, V. A. und Borokov, V. P. Film condensation of vapor at finely-finned horizontal tubes. *Heat Transfer - Soviet Research*, 3(2):183–191, 1971.

45. Katz, D. L. et al. Boiling outside finned tubes. *Petroleum Refiner*, 34(2):113–116, 1955.

46. Kaupmann, P. *Durchmessereinfluß und örtlicher Wärmeübergang beim Blasensieden an horizontalen Stahlrohren*. PhD thesis, Universität Paderborn, 1999.

47. Keithley Instruments, Inc. *Model 2750 Multimeter/Switch System User's Manual*. Cleveland, Ohio, U.S.A., 2011.

48. Koch, G. *Untersuchungen zur Tropfenkondensation auf metallischen, hartstoffbeschichteten Oberflächen*. Berichte zur Energie- und Verfahrenstechnik. Energie- und Systemtechnik GmbH, 1996.

49. Koch, G. et al. Study on plasma enhanced CVD coated material to promote dropwise condensation of steam. *International Journal of Heat and Mass Transfer*, 41(13):1899–1906, 1998.

50. Konakov, P. K. Eine neue Formel für den Reibungskoeffizienten glatter Rohre. *Berichte der Akademie der Wissenschaften der UdSSR*, Band LI, 51(7):503–506, 1946.

51. Krohne Messtechnik GmbH. *OPTIMASS 6000 Technical Datasheet*. Ludwig-Krohne-Str.5, 47058 Duisburg, Februar 2013.

52. Kumar, R. A Comprehensive Study of Modified Wilson Plot Technique to Determine the Heat Transfer Coefficient during Condensation of Steam and R-134a over Single Horizontal Plain and Finned Tubes. *Journal of Heat Transfer*, 22(2):3–12, 2001.

53. Kurihari, H. M. und Myers, J. E. The effects of superheat and surface roughness on boiling coefficients. *AIChE Journal*, 6(1):83–91, 1960.

54. Leipertz, A. Tropfenkondensation. In *VDI-Wärmeatlas*, VDI Buch: 816-821. Springer Berlin Heidelberg, 2006.

55. Lemmon, E. W. et al. REFPROP Reference Fluid Thermodynamic and Transport Poperties Ver 9.1, 2013.

56. Liebenberg, L. A. *Unified Prediction Method for Smooth and Microfin Tube Condensation Performance*. PhD thesis, Rand Afrikaans University, 2002.

57. Mann, M. et al. Influence of heat conduction in the wall on nucleate boiling heat transfer. *International Journal of Heat and Mass Transfer*, 43(12):2193–2203, 2000.

58. Martin, H. Vorlesung Wärmeübertragung II. Universität Karlsruhe, 1990.

59. Martin, H. Einführung in die Lehre von der Wärmeübertragung. In *VDI-Wärmeatlas*, VDI Buch: 1-27. Springer Berlin Heidelberg, 2006.

60. Mikheyev, M. *Fundamentals of Heat Transfer*. Mir, 2. Auflage, 1968.

61. R.M. Milton. Heat exchange system, May 21 1968. US Patent 3,384,154.

62. Müller, J. und Numrich, R. Filmkondensation reiner Dämpfe. In *VDI-Wärmeatlas*, VDI Buch: 749-764. Springer Berlin Heidelberg, 2006.

63. Mostinski, I. L. Application of the Rule of Corresponding States for Calculation of Heat Transfer and Critical Heat Flux. *Teploenergetika*, 4:66–71, 1963.

64. Mostofizadeh, Ch. und Stephan, K. Strömung und Wärmeübergang bei der Oberflächenverdampfung und Filmkondensation. *Wärme - und Stoffübertragung*, 15(2):93–115, 1981.

65. Myers, J. E. und Katz, D. L. Boiling coefficients outside horizontal plain and finned tubes. *Refrigeration Engineering*, 60(1):56–69, 1952.

66. Nußelt, W. Die Oberflächenkondensation des Wasserdampfes. *Zeitschrift des Vereins deutscher Ingenieure*, 60(27-28):541–546, 1916.

67. Nukiyama, S. The maximum and minimum values of the heat Q transmitted from metal to boiling water under atmospheric pressure . *International Journal of Heat and Mass Transfer*, 9(12):1419–1433, 1966.

68. Olivier, J. A. et al. Pressure Drop During Refrigerant Condensation Inside Horizontal Smooth, Helical Microfin, and Herringbone Microfin Tubes. *Journal of Heat Transfer*, 126:687–696, 2004.

69. Physikalisch-Technische Bundesanstalt. Kalibrierschein für das Platin-Widerstands- thermometer mit der Kennnummer 269560, April 2013.

70. Physikalisch-Technische Bundesanstalt. Kalibrierschein für das Platin-Widerstands- thermometer mit der Kennnummer 269561, April 2013.

71. Robinson, D. B. und Katz, D. L. Effect of vapor agitation on boiling coefficients. *Chemical Engineering Progress*, 6:317–324, 1951.

72. Rohsenow, W. M. A Method of Correlating Heat Transfer Data for Surface Boiling of Liquids. *Transactions ASME*, 74:969–975, 1952.

73. Roques, J.F. *Falling Film Evaporation on a Single Tube and on a Tube Bundle*. PhD thesis, École Polytechnique Fédérale de Lausanne, 2004.

74. Rose, J. W. Heat-transfer coefficients, Wilson plots and accuracy of thermal measurements. *Experimental Thermal and Fluid Science*, 28(2-3):77–86, 2004. The International Symposium on Compact Heat Exchangers.

75. Rotta, J.C. *Turbulente Strömungen*. Göttinger Klassiker der Strömungsmechanik. Teubner Verlag Stuttgart, 1972.

76. Rudy, T. M. An analytical model to predict condensate retention on horizontal integral-fin tubes. *ASME-JSME Thermal Engineering Joint Conference*, 1:373–378, 1983.

77. Rudy, T. M. und Webb, R. L. An analytical model to predict condensate retention on horizontal integral-fin tubes. *Journal of Heat Transfer*, 107(2):361–368, 1985.

78. Schömann, H. *Beitrag zum Einfluß der Heizflächenrauhigkeit auf den Wärmeübergang beim Blasensieden*. PhD thesis, Universität Paderborn, 1994.

79. Siebert, M. *Untersuchungen zum EInfluß des Wandmaterials und des Rohrdurchmessers auf den Wärmeübergang von hohorizontal Rohren an siedende Flüssigkeiten*. PhD thesis, Technische Hochschule Karlsruhe, 1987.

80. Sokol, P. *Untersuchungen zum Wärmeübergang beim Blasensieden an Glatt- und Rippenrohren mit großem Außendurchmesser*. PhD thesis, Universität Paderborn, 1994.

81. Stephan, K. *Beitrag zur Thermodynamik des Wärmeüberganges beim Sieden*. Abhandlungen des Deutschen Kälte- und Klimatechnischen Vereins. C. F. Müller, 1964.

82. Stephan, K und Abdelsalam, M. Heat Transfer Correlations for Natural Convection Boiling. *International Journal of Heat and Mass Transfer*, 23:73–87, 1980.

83. Stephan, K. und Preußer, P. Wärmeübergang und maximale Wärmestromdichte beim Behältersieden binärer und ternärer Flüssigkeitsgemische. *Chemie Ingenieur Technik*, 51(1):37, 1979.

84. tecsis. *Produktdatenblatt Drucksensor P3290/1*. tecsis GmbH, Carl-Legien Str. 40 - 44 D-63073 Offenbach / Main, 06 2013.

85. Thome, J. R. *Wolverine Heat Transfer Engineering Data Book III*. Wolverine Tube Inc., 2007.

86. Thome, J.R. *Enhanced Boiling Heat Transfer*. Taylor & Francis, 1990.

87. Trigas, A. *Technische Aspekte von Turbinen-Durchflussmessern - Kalibrierung und Grundlagen der UVC-Kalibrierung*. TrigasFI GmbH, 85375 Neufahrn, Dezember 2008.

88. Van der Walt, J. und Kröger, D. G. Heat transfer resistances during film condensation. *Preceedings of the 5th Heat Transfer Conference*, 3:284–288, 1974.

89. Webb, R. L. et al. Prediction of the condensation coefficient on horizontal integral-fin tubes. *Journal of Heat Transfer*, 107(2):369–376, 1985.

90. Webb, R. L. et al. Heat Transfer and Friction Characteristics of Internal Helical-Rib Roughness. *Journal of Heat Transfer*, 122(1):134–142, 1999.

91. Webb, R. L. und Murawski, C. G. Row Effect for R-11 Condensation on Enhanced Tubes. *Journal of Heat Transfer*, 112(3):768–776, 1990.

92. Webb, R.L. The Evolution of Enhanced Surface Geometries for Nucleate Boiling. *Heat Transfer Engineering*, 2(3-4):46–69, 1981.

93. Webb, R.L. *Principles of enhanced heat transfer*. Wiley-Interscience publication. John Wiley & Sons, 1994.

94. Wilson, E. E. Basis for Rational Design of Heat Transfer Apparatus. *Journal of Heat Transfer*, 37(6):47–82, 1915.

95. Zener, C. und Lavi, A. Drainage systems for condensation. *Journal of Engineering for Power*, 96(3):209–215, 1974.

96. Zieman, W. E. und Katz, D. L. Boiling coefficients for finned tubes. *Petroleum Refiner*, 26(8):78–82, 1974.

Anhang A

Tabellen

Tabelle A.1: Koeffizienten der Thermometerkennlinien für die kalibrierten Pt100-Widerstandsthermometer

Bezeichnung der Widerstände	a_i	b_i	c_i
Pt101	-2,4385E+02	2,3459E+00	1,1377E-03
Pt102	-2,4359E+02	2,3424E+00	1,1397E-03
Pt103	-2,4396E+02	2,3460E+00	1,1399E-03
Pt104	-2,4365E+02	2,3433E+00	1,1427E-03
Pt105	-2,4369E+02	2,3430E+00	1,1411E-03
Pt106	-2,4362E+02	2,3424E+00	1,1445E-03
Pt107	-2,4374E+02	2,3445E+00	1,1388E-03
Pt108	-2,4381E+02	2,3435E+00	1,1388E-03
Pt109	-2,4396E+02	2,3454E+00	1,1455E-03
Pt110	-2,4392E+02	2,3455E+00	1,1422E-03
Pt201	-2,4370E+02	2,3436E+00	1,1426E-03
Pt202	-2,4364E+02	2,3423E+00	1,1479E-03
Pt203	-2,4361E+02	2,3421E+00	1,1500E-03
Pt204	-2,4359E+02	2,3421E+00	1,1447E-03
Pt205	-2,4355E+02	2,3416E+00	1,1493E-03
Pt206	-2,4397E+02	2,3450E+00	1,1447E-03
Pt207	-2,4354E+02	2,3411E+00	1,1537E-03
Pt208	-2,4366E+02	2,3430E+00	1,1429E-03
Pt209	-2,4373E+02	2,3436E+00	1,1439E-03
Pt210	-2,4370E+02	2,3403E+00	1,1680E-03

Tabelle A.2: Koeffizienten der Referenzfunktion $W_{korr}(T_{Kal})$ für $T_{Kal} < T_{WTP}$ [6]

Koeffizient	Wert
B_0	0,183324722
B_1	0,240975303
B_2	0,209108771
B_3	0,190439972
B_4	1,42648498
B_5	0,077993465
B_6	0,012475611
B_7	-0,032267127
B_8	-0,075291522
B_9	-0,056470670
B_10	0,076201285
B_11	0,123893204
B_12	-0,029201193
B_13	-0,091173542
B_14	0,001317696
B_15	0,026025526

Tabelle A.3: Koeffizienten der Referenzfunktion $W_{korr}(T_{Kal})$ für $T_{Kal} \geq T_{WTP}$ [6]

Koeffizient	Wert
D_0	439,932854
D_1	472,418020
D_2	37,684495
D_3	7,472018
D_4	2,920828
D_5	0,005184
D_6	-0,963864
D_7	-0,188732
D_8	0,191203
D_9	0,049025

Tabelle A.4: Koeffizienten der Normal-Widerstände Pt25 bei 1mA Messstrom für $T_{Kal} < T_{WTP}$ [70][69]

Bezeichnung der Normal-Widerstände	a	b
Pt25 - Kennnr. 269560	-2,1724E-04	-1,1343E-05
Pt25 - Kennnr. 269561	-1,6632E-04	-9,5375E-05

Tabelle A.5: Koeffizienten der Normal-Widerstände Pt25 bei 1 mA Messstrom für $T_{Kal} \geq T_{WTP}$ [70][69]

Bezeichnung der Normal-Widerstände	a	b
Pt25 - Kennnr. 269560	-2,2773E-04	-1,5757E-05
Pt25 - Kennnr. 269561	-1,9862E-04	-1,5267E-05

Tabelle A.6: Regressionsgleichungen für die K-Faktoren der Turbinen-Durchflussmesser HM9 und HM11

Bez. der Turbinen-Durchflussmesser	Regressionsgleichung
HM9	$K=8\text{E-}18\left(\frac{f}{v}\right)^2 - 4{,}65\text{E-}08\left(\frac{f}{v}\right) + 2090$
HM11	$K=1{,}88\text{E-}18\left(\frac{f}{v}\right)^2 - 1{,}8\text{E-}08\left(\frac{f}{v}\right) + 2890$

Anhang B

Konstruktionszeichnungen

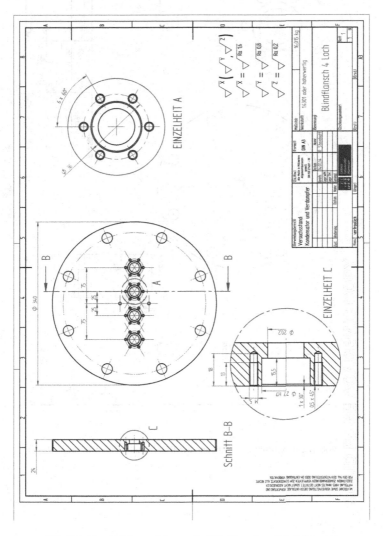

Abb. B.1: Konstruktionszeichnung der Blindflansche mit 4 Bohrungen

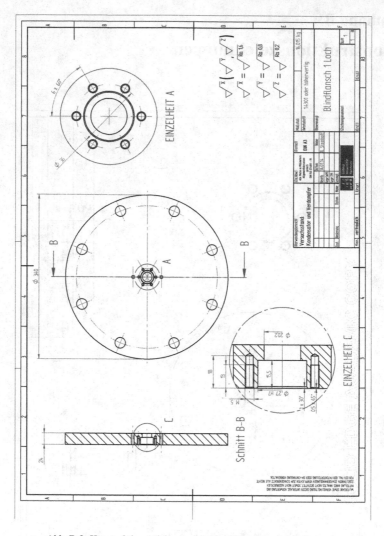

Abb. B.2: Konstruktionszeichnung der Blindflansche mit 1 Bohrungen

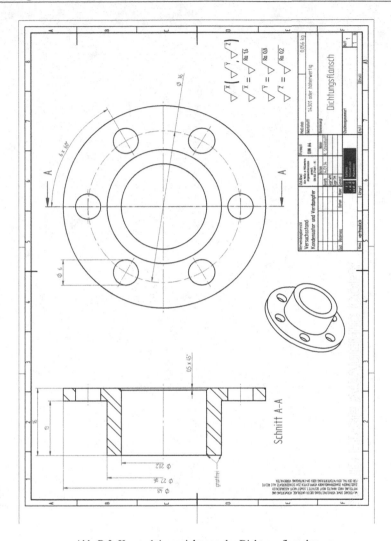

Abb. B.3: Konstruktionszeichnung des Dichtungsflansches

Printed in the United States
By Bookmasters

Printed in the United States
By Bookmasters